Gottlieb Berendt

Geologie des Kurischen Haffes und seiner Umgebung

Gottlieb Berendt

Geologie des Kurischen Haffes und seiner Umgebung

ISBN/EAN: 9783845795096

Erscheinungsjahr: 2012

Erscheinungsort: Bremen, Deutschland

www.unikum-verlag.de | office@unikum-verlag.de

Gottlieb Berendt

Geologie des Kurischen Haffes und seiner Umgebung

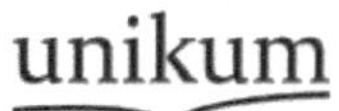

Geologie des Kurischen Haffes
und
seiner Umgebung

von

Dr. G. Berendt,
Berg-Referendar und Privat-Docent an der Albertina-Universität zu Königsberg.

Königsberg 1869.
In Commission bei W. Koch.

Inhalts-Verzeichniss.

Erster Theil.

Geognostische Beschreibung.

Seite.

Einleitung.

Umfang und Eintheilung 3
Beigefügte Tafeln 4

A. Oro-hydrographische Schilderung.

Orographisches Allgemeinbild 5
Genauere Höhen-Angaben 6
Hydrographie 7
Künstliche Wasserwege 9
Eindeichung und künstliche Entwässerung . . 9

B. Speciell geognostische Beschreibung.

Uebersicht der auftretenden Formationen . . . 11

I. Jüngeres Alluvium.

Salzwasserbildungen.

Strandbildung (Winter- und Sommer-Strand) . . 12
Abhängigkeit der Zusammensetzung von den Küstengesteinen 13
Alte Bernstein-Schälungen 13

Flug-Bildungen.

a) Flug- oder Dünen-Sande der Seeküste.

Abhängigkeit der Flugsande vom Winde . . . 14
Desgl. von anstehenden älteren Bildungen . . . 14
Anhäufung zu Dünen 15
Eigenthümlichkeit der Sand-Gräser 15
Vergleich der Dünen der Nehrung mit anderen bedeutenden Dünen 15
Das Wurzelende der Nehrung 16
Platte der Nehrung und Kupsenterrain 17
Triebsandterrain 18
Die Sturz-Düne 18
Profil durch die Nehrung (Fig. 1) 19
Einzelberge bei Rossitten (s. a. Taf. IV) . . . 19
Der hohe Dünenkamm 19
Flugsand-Terrain nördl. Memel 20
Profil durch dasselbe (Fig. 2) 20

Seite

b) Secundär-Bildungen im Flugsande der Nehrung.

Der alte Waldboden 20
Grüner Sand 21
Triebsand am Strande 21
Triebsand der hohen Dünen 21
Eigene Erfahrung von der Gefährlichkeit desselben 22
Dreierlei Arten des Triebsandes 24
Verbreitung auf der Nehrung 25
Theorie seiner Bildung und erläuternde praktische Versuche 25

c) Dünenbildungen im Lande.

Verbreitung an den Rändern des Memel-Delta . 27
Eigenthümlicher Baumwuchs im Flugsande . . 28
Windrichtung und Richtung der Dünenzüge . . 28

Süsswasserbildungen.

a) Haffsand, Haffschlamm und Haffmergel.

Vertheilung derselben 29
Bernstein und Sprockholz bei Schwarzorth . . . 29
Meeresconchylien im nördl. Theile 29
Ostracoden (Krebs-) Schalen im Mergel 30
Aufgepresster Haffboden (siehe Taf. V) 30

b) Sand und Schlick der Flüsse.

Verbreitung des Sandes u. Wechsellagerung beider 31
Inselbildung im Haff 31
Erhöhung der Flussufer 31
Verbreitung des Schlicks im Delta 31
Verbreitung beider ausserhalb des Delta . . . 31
Das Mingethal bei Szernen (Fig. 4) 32

c) Moorerde und Humuserde.

Verbreitung beider 32

d) Torf- und Moosbrüche.

Verbreitung des Torfes 32
Moostorf resp. Moosbrüche 33
Profil durch ein solches (Fig. 5) 33
Verbreitung im Memel-Delta und auf dem Plateau 33

Seite.

e) Wiesenmergel.

Zusammensetzung desselben 33
Entstehungsweise desselben 34
Lagerung und Verbreitung 34

f) Raseneisenstein.

Erzeugung desselben 34
Vorkommen und Verbreitung 34

II. Aelteres Alluvium.

Der Haidesand.

Altersstellung und Unterscheidungsmerkmale des Haidesandes 35
Fuchserde im Haidesande 35
Nicht Eisen, sondern Humus verkittet dieselbe . 35
Zweierlei Humus 36
Nachtheil des braunen Humus auf die Pflanzenentwicklung 36
Mittel dagegen 36
Moosschichten im Haidesande 36
Bestimmung des Mooses 37
Verbreitung desselben 37
Lagerung und Verbreitung des Haidesandes . . 38
Zusammenhang der älteren Alluvialbedeckung . 38

Das Diluvium.

Allgemeine Merkmale.

Geschiebe und Gerölle 39
Anhäufungen silurischen Kalkes 39
Desgl. von Kreidegestein (todt. Kalk) 40
Entstehung von Geschiebelagern durch Abspülung 40
Gehalt sämmtl. Diluvialschichten an kohlensaurem Kalk 41

Seite.

Verwitterungsprocess (Lehm) 42
Profil aus dem Dangethal bei Memel (Fig. 6) . 43
Verbreitung und allgemeine Lagerung des Diluviums 43

III. Oberes Diluvium.

Oberer Diluvialmergel (Lehmmergel).

Lagerung, Verbreitung und Zusammensetzung . 44
Profil durch den Windenburger Höhenzug und die Plateau-Abdachung (Fig. 7) 44
Rother Diluvialmergel und Lehmrinde 45

Sand, Grand und Gerölle.

Lagerung und Unterscheidungsmerkmale . . . 45
Profil durch den Memeler Höhenzug und die Birbindscher Berge (Fig. 8) 45
Rückstandsbildung — Verbreitung 46

IV. Unteres Diluvium.

Allgemeine Lagerung 47

Der untere Diluvialmergel (Schluffmergel).

Unterscheidungsmerkmale und Verbreitung . . . 47
Geschiebefreier Thon 48

Mergelsand.

Zusammensetzung — Verbreitung 48

Diluvialsand.

Spathsand oder nordischer Sand 48
Uebergang in Glimmersand 49
Lagerung — Verbreitung — Bergbildung . . . 49

Zweiter Theil.

Versuch einer Geogenie

oder

Entstehungs- und Fortbildungsgeschichte.

Einleitung.

Seite.

Noch nach der Diluvialzeit weit grössere Wasserbedeckung 51
Gründe für mehrfache Bodenschwankungen zur Alluvialzeit 52
Schumanns Verdienst um ihre Beachtung . . . 52
Seeufer der Nehrung bei Sarkau (Fig. 9) . . . 53
Haffufer des Windenburger Höhenzuges (Fig. 10) 53
Eintheilung nach alluvialen Perioden 53

I. Erstes Emportreten des Landes nach der Diluvialzeit.

Grenze der Diluvial- und Alluvialzeit 54
Grenze des festen Landes zu Ende der Diluvialzeit 54
Tiefen-Profil durch Haff und See (Fig. 11) . . 55
Beweise für die ehemalige Begrenzung des festen Landes 55
Nothwendigkeit einer späteren Ausspülung . . . 56
Desgl. einer bereits höheren Lage des Landes . 57
Ungefähres Bild des damaligen Tilsiter Haffes (Kärtchen 1 auf Taf. III) 57
Fehlergrenze des Kärtchens 58

II. Senkung des Landes um mindestens 30–40 Fuss unter das jetzige Niveau.

Nachweis der Senkung 59
Deltabildung als Folge derselben 59
Das Tilsiter Haff gegen Ende der Senkung (Kärtchen 2 auf Taf. III) 59
Gegenwirkung der Strom- und Meeresfluthen . . 59
Ueberfluthung bedeutender Moore (Fuchserde) . 60

III. Zweite Hebung des Landes.

Zeitweilige Seeküste (Bernstein) 61
Bild des Landes zu dieser Zeit (Kärtchen 3 auf Taf. III) 61
Bildung der Nehrung 61
Noch lange bestandene Ausflüsse des Haffes (alte Tiefe) 62
Altes Haffufer gegen Ende der Hebungszeit (Krantas) 63
Berechnung der Hebung aus demselben 63
Seite.
Andeutung zur Möglichkeit der Berechnung auch der Zeitdauer 63
Weitere Wirkungen der Hebung 64
Bild des Landes bei Schluss desselben (Kärtchen 4 auf Taf. III) 64

IV. Zweites Sinken des Landes.

Beweise dieser Senkung 65
Alte Wälder unter dem Haffspiegel 65
Untermeerische Wälder 65
Neueste Aufschlüsse bei Memel 66
Wirkungen der Senkung 66
Versuchte Durchbrüche der See 67
Weiterrücken des Memeler Tief 67
Messungen desselben 68
Abspülung des nordöstl. Haffufer 68
Bernsteinlager im Haff 68
Fortsetzung der Delta-Bildung 69
Gegenwärtiges Bild des Landes (Kärtchen 5 auf Taf. III) 69
Vergleich mit ähnlichen Bildungen, namentlich auch den Niederlanden (Kärtchen 6 auf Taf. III) 70

Die Existenz des Menschen während der Periode der zweiten Senkung.

Beweise dafür — Alte Kohlenstellen 71
Alter heidnischer Bernsteinschmuck 72
Ungefähre Bestimmung der Zeitdauer der Senkung 73
Fortsetzung der Senkung bis in die Neuzeit . . 73
Darauf deutender Baumwuchs der Niederung . . 74
Das 300jährige corpus bonorum der Kirche von Inse 74
Altes Bohlwerk im Russstrom 75
Altes Steinpflaster im Haff 75
Pflügen des Haffbodens vor 40 Jahren 76
Der Process der Dorfschaft Gilge gegen den Fiskus 76

VI. Gegenwärtiger Zustand.

Senkt oder hebt sich das Land noch jetzt? . . 78
Schumann's Ansicht 78
Neueste Resultate der Pegelbeobachtungen . . . 79

Seite.
Uferabbrüche der See (Cranz) 80
Messungen derselben 80
Uferabbrüche des Haffes 81
Das Wandern der Dünen 81
Der Untergang des Nehrungswaldes 82
Ist der Mensch allein Schuld daran? 82

VII. Das Wandern der Dünen.

Grossartigkeit der Erscheinung 83
Vergleiche der vorhandenen Kartenaufnahmen . 83
Karte der Dünenwanderung (Taf. I) 84
Die Nehrung selbst wandert nicht 84
Resultate der Tafel I. 85
Messung des Dünenvorrückens 85
Tabelle A. 86
Vergleiche mit anderwärts angestellten Messungen 87
Richtung der Dünenwanderung 87
Abweichungen von derselben 87
Die Versandung des ehemaligen Dorfes Kunzen . 88
3 Profile von Kunzen (Fig. 12 bis 14) 88
Verlangsamung des Dünen-Vorrückens 89
Rückblick — Parallelismus des Dünenkammes mit der Küste 89
Das Wachsen der Nehrungsbreite 89
Hakenbildung (Tabelle B.) 90
Abspülungen 91

VIII. Dünen-Befestigungen.

Dünen-Befestigung auf der Nehrungsspitze bei Memel 92
Erste Anlagen am Wurzelende bei Cranz und Sarkau 93
Heutige Ausdehnung der Dünen-Befestigung . . 93
Ueberschätzung der Sandgräserpflanzung . . . 93
Gegenwärtig leitende Grundsätze 93
Unzulänglichkeit der Geldmittel 94
Gegenwärtige Resultate der Dünen-Befestigung . 94

Seite.
Langsame Hülfe ist hier keine Hülfe 94
Die Wanderung des übrigen Dünenkammes ist unaufhaltsam 95

Schlüsse auf die Zukunft.

Rechtfertigung und Nutzen derartiger Schlüsse . 95

a) Die Zukunft der Nehrungsdörfer.

Nothwendige Folge der Dünenwanderung . . . 96
Schwarzorth 96
Perwelk und Preil 97
Nidden 97
Pillkoppen 97
Rossitten (Fig. 15) 98
Einzige Möglichkeit seine Ländereien zu retten . 99
Neu-Kunzen 99
Vernichtung des letzten Schutzes für Rossitten . 100
Sarkau 100

b) Die Zukunft des Haffes und seiner Umgebung im Uebrigen.

Die Dünen müssen hinein in's Haff 101
Profilkarte der nördl. Hälfte des Haffes (Taf. VI.) 101
Anmerk.: Erläuterung der Karte (Taf. VI) . . . 101
Vergleich der Sandmassen der Nehrung mit dem Haffbecken (Tabelle C.) 102
Nothwendige Versandung des nördl. Haffes . . 103
Mögliche Einwendungen 103
Hinzukommende Sinkstoffe der Flüsse 103
Liegt die Zeit der Verlandung so fern? (Tab. D.) 104
Maximum der wahrscheinlichen Zeitdauer . . . 105
Berechnung desselben 106
Tabelle E. 107
Resultate der beiden letzten Tabellen 108
Folgen der jährlichen Uferabbrüche bei Cranz . 108
Bisherige Versuche zur Gegenwehr 109
Neuer Vorschlag 109
Schluss 110

Einleitung.

Es ist eine allgemeine Erscheinung auf sämmtlichen Gebieten des menschlichen Forschens, Wissens oder Schaffens, dass das Räthselhafte, das Fernliegende oder das mit Schwierigkeiten am meisten Verknüpfte am ehesten die Aufmerksamkeit auf sich zieht und zur Uebung von Scharfsinn und Kraft anreizt. So wissen wir auch in der Geologie verhältnissmässig genauer Bescheid über die Hebungen und Senkungen des festen Landes zur Zeit der Dyas und Trias als über die Bodenschwankungen der geologisch jüngsten bis in die Jetztzeit fortgesetzten Periode. Wir besitzen wohl Karten des Jura- oder des Kreidemeeres, nicht aber des Diluvialmeeres, auf dessen ehemaligen Boden wir täglich umherwandeln, oder gar der heutigen Meere in der Gestalt, wie sie unsre Vorfahren zum Theil noch gekannt haben müssen.

Die mir hier in der Provinz Preussen gewordene Aufgabe der geologischen Kartographirung eines Landes, dessen Boden mit Ausschluss einiger wenigen Distrikte zunächst fast nur aus Diluvial- und Alluvial-Bildungen besteht, hat mich mit den Lagerungs-Verhältnissen dieser jüngsten Formationen in den während der letzten Jahre bereits untersuchten Gegenden so viel und eingehend beschäftigt, dass ich wagen möchte im Folgenden einige Blicke in die Geschichte einer dieser Gegenden während der letzt verflossenen bis in die Jetztzeit reichenden Alluvialperiode zu thun, soweit es auf beobachteten Thatsachen und deren folgerichtiger Zusammenstellung mir möglich.

Die Umgebungen des heutigen kurischen Haffes, die kurische Nehrung und das grosse Memeldelta, bilden ein in sich abgeschlossenes bedeutendes Alluvialgebiet und will ich versuchen, die Lapidarschrift ihrer Entstehungs- und Bildungsgeschichte zu entziffern.

Zu diesem Zwecke wird es zuvörderst nöthig sein, auf Grund und zugleich als Erläuterung der seit Kurzem erschienenen geologischen Karte des kurischen Haffes (Sect. 2 und 3 der geologischen Karte von Preussen), sowie des auf Taf. II beigefügten Uebersichtskärtchens, welches die zur Umgebung des Haffes nothwendig gehörende, erst im Erscheinen begriffene Section 4 genannter Karte bereits ebenfalls umfasst, den geognostischen Bau jener Gegend in seinen Hauptumrissen zu entwickeln.

Diese Erläuterung der genannten Kartensectionen wird daher den ersten Theil vorliegender Abhandlung bilden, wobei jedoch vorausbemerkt werden muss, dass eine ausführliche Petrographie der einzelnen Gebilde aus praktischen Gründen hier nicht erwartet werden kann. Denn da diese Erläuterungen einzelner Sectionen auch unabhängig von einander müssen benutzt werden können und sodann eine stetige Wiederholung der Petrographie des gesammten oder doch fast des gesammten Alluviums und Diluviums zur Nothwendigkeit würde, so soll, sobald erst eine grössere Reihe von Kartensectionen vollendet ist, eine ausführliche, für alle Sectionen brauchbare Beschreibung der Struktur und Zusammensetzung, des chemischen und physikalischen Verhaltens sämmtlicher Quartär-Bildungen, sowie ihrer Stellung zu Landwirthschaft und Technik folgen. Die einstweilen aber in den einzelnen Erläuterungen noch nöthige Petrographie wird somit auf das zur Verständigung über die Unterscheidung der einzelnen Gebilde eben nöthige Maass zurückgeführt werden.

Den zweiten Theil soll sodann der Versuch einer Entstehungs- und Fortbildungs-Geschichte, der Geogenie des kurischen Haffes und seiner Umgebung während der gegenwärtig noch fortdauernden Alluvialperiode bilden, eingetheilt nach Vergangenheit, Gegenwart und soweit möglich auch Zukunft jener Gegenden.

Zur besseren Veranschaulichung sind beigefügt

dem ersten Theile:

Taf. II. Ein Uebersichtskärtchen der ganzen Umgebung des kurischen Haffes.
Fig. 1—8. In den Text als Holzschnitte eingefügte Profile;

dem zweiten Theile:

Taf. III. Fig. 1—5. Ein ungefähres Bild des Landes zu verschiedenen Zeitabschnitten der Alluvialperiode.
Fig. 6. Ein vergleichendes Bild der Niederlande.
Taf. I. Ein die Dünen-Wanderung auf der kurischen Nehrung beweisender Vergleich der jetzigen und früheren Generalstabs-Aufnahmen.
Taf. IV. } Dünenbilder.
Taf. V. }
Taf. VI. 36 Profile durch den nördlichen Theil des kurischen Haffes und der Nehrung.
Fig. 9—13. Kleinere Profile } als Holzschnitte in den Text eingefügt.
Fig. 14. Gegend von Rossitten }

Erster Theil.

Geognostische Beschreibung des kurischen Haffes und seiner Umgebung.

A. Oro-hydrographische Schilderung der Gegend.

Orographisches Allgemeinbild. — Genauere Höhenangaben. — Die Nehrung. — Das Memeler Plateau. — Angrenzende Plateautheile von Nadrauen und Samland.

Hydrographie des Plateaus. — Desgl. der Memel Niederung. — Künstliche Wasserwege. — Eindeichung und künstliche Entwässerung.

Das kurische Haff bedeckt einen Flächenraum von $29^{5}/_{12}$ Q.-Meilen und ist somit das grösste*) dieser der deutschen Ostseeküste so charakteristischen Brackwasserbecken, welche, von den in sie mündenden Flüssen und Bächen beständig mit süssem Wasser versorgt, vorwiegend als Süsswasserbecken angesehen werden müssen, bei günstigem Winde aber und in Folge dessen eingehendem Strome, unter Anstauung gleichzeitig auch mit dem Salzwasser der Ostsee gespeist werden. Bei einer von N. nach S. sich erstreckenden Länge von beinahe 13 Meilen, besitzt es seine grösste Breite am südlichen Ende mit 6 Meilen, misst beim Einfluss des Atmat- oder Russ-Stromes, ungefähr in der Mitte seiner Längserstreckung, nur noch 2 Meilen, eine Breite, welche bei der Windenburger Ecke plötzlich auf $1^{1}/_{8}$ Meile sich verringert und verengt sich weiter nach N. allmälig bis zu dem, bei der Stadt 130, an der Mündung beim Leuchtthurme nur noch 110 Ruthen breiten Memeler Tief, dem zur Zeit einzigen Ausflusse des kurischen Haffes in die offene See.

Nach W. besser, NW. nur durch den schmalen, aber hoch aufgeschütteten Sandstreifen der kurischen Nehrung von der See getrennt, geht es nach Osten fast unmerklich in die grosse, bis nahezu Tilsit sich hinaufziehende Ebene des Memel-Delta über; denn da sich die letztere zur grösseren Hälfte kaum über das Maximum des mittleren Wasserstandes erhebt, so bildet sie bei eintretenden Stauwinden oder Frühjahrswassern zum Theil auf meilenweite Strecken so gut wie eine Wasserfläche mit dem Haff. Aus dieser ragen dann die kleinen langgestreckten, durchschnittlich etwa 15 Fuss sich erhebenden Anhöhen und zum Theil die bereits durch Flussauftrag mehr erhöhten Ufer der Flüsse wie Inselketten hervor, bedeckt mit den, nur hier vor den Fluthen einigermassen sicheren und daher dicht gedrängten menschlichen Wohnungen.

---

*) Nach einer der neuesten Berechnungen beträgt der Flächeninhalt des frischen Haffes $15^{3}/_{8}$ Q.-Meilen. der des Stettiner $17^{5}/_{8}$ Q.-Meilen.

Aus dieser Ebene steigt man ziemlich merklich und plötzlich über den einstmaligen alten Uferrand nach Osten zu der grossen Tilsiter Heerstrasse und ebenso nach NO. zu der Tilsit-Memeler Chaussee auf das eigentliche Plateau des Binnenlandes*) hinauf. Im N., resp. NO. des kurischen Haffes tritt dieses allgemeine Plateau ziemlich nahe an das Haffufer heran. Den dazwischen liegenden, sich gegen N. ausspitzenden, schmalen Streifen flachen Landes durchschneidet aber noch ein $^1/_4$ bis $^3/_8$ Meile breiter, sich von dem Plateau südlich Prökuls abzweigender Höhenzug in NNO. zu SSW.-Richtung bis in die von ihm gebildete Windenburger Ecke. Erst nördlich Memel endet auch diese Vorebene und tritt das Plateau völlig an die Seeküste heran.

Die Grenze des Memel-Delta oder der sogenannten Niederung lässt sich daher ziemlich genau bezeichnen durch eine von Labiau nordöstlich bis kurz vor Tilsit gezogene grade Linie und eine ebensolche andrerseits von Tilsit nordwestlich bis Heidekrug. Eine weitere grade Linie von dieser Stadt bis Memel scheidet sodann ziemlich ebenso genau die nördlichste Fortsetzung dieser Niederung und das nur durch den Windenburger Höhenzug getrennte niedrige Memeler Vorland vom Plateau.

Im Süden stösst an das kurische Haff die Labiausche und Schaakensche Ebene, die ganz allmälig, fast unmerklich ansteigend, entweder unmittelbar oder durch schwach erkennbarem alten Uferrand absetzend nach Süden wie nach Westen in das Plateau des Samlandes übergeht.

Damit das soeben in gröbsten Umrissen entworfene orographische Bild des Landes sich noch etwas bestimmter gestalte, mögen sogleich einige der in die geologische Karte aufgenommenen Höhenbestimmungen des Königl. Generalstabes folgen.

Die grössten Höhen finden sich auffallender Weise weder in dem Memeler Plateau noch in dem in Betracht kommenden Theile des Samlandes und Nadrauens, häufen sich vielmehr sämmtlich auf den schmalen Sandstreifen der Nehrung. Hier gipfelt der in seinem südlichen und nördlichen Theile durchschnittlich gegen 100 Fuss hohe Dünenkamm einerseits bei der alten Dorfstelle Stangenwalde, unweit des Martsch Haken in 138 Fuss, andrerseits am südlichen Ende des Schwarzorther Waldes in 145, nördlich dieses Ortes, in der Grikinn in 172, bei den Eum-Bergen in 131 Fuss Meereshöhe. Der noch höhere mittlere Theil des Dünenzuges erreicht bei einer durchschnittlichen Kammhöhe von 150 Fuss im Predin Berge nördlich Rossitten 186, bei Pillkoppen der Reihe nach 171, 188, 186 und 189, am Radsen Haken südlich Nidden sogar 198, im Wetzekrugs Berge bei der Gr. Preilschen Bucht und ebenso im Carwaitenschen Berge bei der Bucht gleichen Namens 183 Fuss.

In dem Memeler Plateau markirt sich an dem Rande desselben zunächst ein von der Holländer Mütze nördlich Memel beginnender, über diese Stadt und den Marktflecken Prökuls fortziehender schmaler Höhenzug. Bei erstgenannter Stadt beinahe $^3/_4$ Meilen breit, gipfelt derselbe hier, $^1/_2$ Meile NO. Memel, bei dem Dorfe Schaulen in 114 und 119 Fuss Meereshöhe, erreicht bei Prökuls, bis zu $^1/_4$ Meile verschmälert, nur noch 60 bis 80 Fuss und sinkt in dem vorhin als Abzweigung von dem Plateau bereits bezeichneten Windenburger Höhenzuge sich fortsetzend allmälig auf 25 und 15 Fuss. Hinter diesem Memeler Höhenzuge, d. h. östlich desselben, senkt sich das Plateau noch einmal bedeutend ein und steigt dann erst allmälig bis zu der circa $1^1/_2$ Meile entfernten russischen Grenze an, wo es bei dem Grenzstädtchen Garsden mit 115 und 130 Fuss, bei Sznauksten mit 110 Fuss erst die eigentliche Höhe des Plateaus erreicht.

*) Memeler Plateau und Nadrauen.

Im Uebrigen erreicht das Plateau, sowohl das Memeler, wie das Plateau von Nadrauen*), obgleich es fast durchgängig mit mehr oder weniger scharf, circa 30 und 40 Fuss aufsteigenden Rändern zur Memelniederung absetzt, seine durchschnittliche Höhe von ungefähr 100 Fuss erst in circa 1½ Meile Entfernung. In welligem Auf und Nieder steigt das zwischenliegende Terrain also allmälig nach Osten, resp. NO. und SO. an. Da diese breite Plateau-Abdachung deren obere Grenze in dem Memeler Plateau ziemlich genau mit der preussisch-russischen Grenze zusammenfällt, sich hier auch nach N. noch parallel mit dem Memeler Höhenzuge fortsetzt, so entsteht zwischen beiden eine ziemlich breite Plateau-Einsenkung, die jedoch immerhin noch hoch genug ist, dass die Thäler der Minge und ihrer Nebenflüsschen der Aglone und Wewirsze mit entschiedenen Steilrändern in sie einschneiden.

Die untere Grenze dieser welligen Plateau-Abdachung ist bereits vorhin bezeichnet worden und aus dem Kärtchen Taf. II als Grenze zwischen dem jüngeren Alluvium der Niederung und dem Diluvium deutlich erkennbar. Die obere Grenze erreicht, wie bereits erwähnt, bei dem russischen Grenzstädtchen Garsden eine Meereshöhe von 130 und 115 Fuss, bei Sznauksten weiter südlich von 110 Fuss, fällt hier mit der preussisch-russischen Grenze zusammen bis ungefähr Coadjuthen (Uigschen 100 Fuss) und verläuft sodann in derselben Richtung fortsetzend über Timstern (108′) auf Baubeln, Tilsit gegenüber (112′). Nach der Unterbrechung des hier stark ½ Meile breiten Memelthales, setzt sie sodann im Plateau von Nadrauen ungefähr mit der grossen Tilsiter Heerstrasse zusammenfallend, oder dicht östlich derselben, in circa 80 bis 90 Fuss nach Skaisgirren fort. Hier beginnt sie sich westlicher nach der Deime hin zu biegen, gleichzeitig aber auch in Folge der verschiedenen Plateau-Abdachung nicht nur nach dem Haff, sondern, wenngleich nur wenig, auch nach der Deime im Westen und dem Pregel im Süden, mehr zu verschwinden oder gradezu mit der Wasserscheide zwischen genannten Flüssen zusammenzufallen.

Die Abdachung des jenseits der Deime beginnenden **sämländischen Plateaus** zum Haff wurde schon als sehr allmälig geschildert. Auch hier wird die erst ungefähr ⅔ bis ¾ des Weges zwischen Haff und Pregel erreichte grösste Plateauhöhe zugleich zur Wasserscheide zwischen beiden Gewässern. Die überhaupt grösste Höhe in dem in Betracht kommenden Theile dieses Plateaus erreichen die sich um Schönwalde und Condehnen bei Neuhausen concentrirenden Berge mit 118, 175 und 120 Fuss Meereshöhe.

Zum Theil die Abgrenzung genannter Plateaus unter einander bildend, durchfurchen verschiedene tief eingeschnittene Thäler die allgemeine Plateau-Umkränzung des kurischen Haffes und seines Delta. Das bedeutendste derselben ist das von Osten nach Westen einschneidende breite **Thal des Memelstromes**, auf dessen südlichem Steilrande Tilsit liegt. Es scheidet von einander das Memeler Plateau und das von Nadrauen. Ebenso trennt das circa ¼ Meile breite **Thal der Deime** das letztgenannte von dem Samländer Plateau. Die Deime zweigt sich bei Tapiau rechtwinklich aus dem Pregel aus und wenngleich ein erheblicher Abfluss durch dieselbe gegenwärtig nicht stattfindet und nicht stattfinden kann, weil die Entfernung von Tapiau durch die ganze Länge des kurischen Haffes bis Memel doppelt so gross ist, als die Entfernung Pregel abwärts von Tapiau bis Pillau, mithin auch das Gefälle ein doppelt so geringes sein muss und eine kanalartige Geradelegung ihres Wasserlaufes daher in historischer Zeit bereits stattgefunden, so muss dieselbe doch als einstmaliger bedeutender Mündungsarm des Pregel betrachtet werden. Nur ein erheblicher

*) Die Gegend südlich Tilsit bis zum Pregel bei Insterburg und im Westen bis zur Deime sich erstreckend.

Wasserabfluss konnte ein so ausgeprägtes, 50 und 60 Fuss hohe Steilränder zeigendes Thal allmälig auswaschen.

An Grösse beiden bedeutend nachstehend, aber durch ihr starkes Gefälle, namentlich bei Regenzeiten, ebenfalls von entschiedenem Einfluss für die Oberflächen-Gestaltung des Landes, ist sodann noch die aus Russland kommende Minge zu nennen und endlich als nördlichster Küstenfluss die bei Memel mündende Dange. Die Minge fliesst auf preussischem Gebiete in der vorhin erwähnten Plateau-Einsenkung östlich des Memeler Höhenzuges, immerhin jedoch mit durch Steilränder ausgeprägter eigner Thalbildung. Durch einen Einschnitt zwischen dem Memeler und dem seine Fortsetzung bildenden Windenburger Höhenzuge fanden die Wasser derselben bei Launen in früherer Zeit einen kürzeren Abfluss zum Haff, den sie jetzt nur höchst selten bei besonders hohem Wasser noch zu wählen im Stande sind. Die alten Mündungsarme aus jener Zeit sind aber in dem heutigen Kliszup und dem Drawöhne-Fluss noch deutlich zu erkennen. Die Minge mündet bei dem gleichnamigen Dörfchen, in mehreren kleinen Armen zwischen einigen erst in jüngster Zeit gebildeten vorliegenden Inseln, in den „Kaup" genannten Busen des Haffes. Unter ihren Nebenflüsschen müssen noch die Wewircze und Tenne genannt werden, welche beide ein tief eingeschnittenes Thal haben, und ähnlich der Minge selbst, bei starkem Gefälle plötzlich anschwellend oft beträchtliche Wassermassen, resp. Sinkstoffe führen.

Das samländische Plateau, soweit es die südliche Begrenzung des kurischen Haffes bildet, wird nur von unbedeutenden bachartigen Gerinnen in meist SN.-Richtung durchfurcht, unter denen der Brast-Graben, das Duhnau'sche Fliess und die bei Cranzbeck in dem südwestlichsten Winkel des Haffes mündende Beck noch am ehesten nennenswerth sein dürften.

Das Memel-Delta erfüllen nun der Hauptsache nach die Mündungsarme dieses Stromes. Die bedeutendsten und bekanntesten derselben sind die bei Jägerischken circa 1½ Meile unterhalb Tilsit sich trennenden Ströme Russ und Gilge. Der von beiden wieder entschieden bedeutendere ist der nördlichere, der Russstrom. Keineswegs ist übrigens das zwischen ihnen liegende Dreieck, wie gewöhnlich angenommen wird, das gesammte Delta des Memelstromes. Vielmehr muss als südlichster Mündungsarm die zwischen den Jahren 1613 bis 1616*) abgedämmte, damals bei Splitter, circa ½ Meile unterhalb Tilsit sich abzweigende Schalteik in Verbindung mit dem noch früher auf natürliche Weise durch Verwachsung abgedämmten Schnecke-Fluss und die Fortsetzung beider, der Nemonienstrom angenommen werden. Das obere Ende des Schalteik- und des Schnecke-Flusses ist heut in der Karte nur noch erkennbar durch seine Reste den Paddeim-Teich, den Linkuhner Teich und die Warnieschen Teiche.

In den genannten, zur Zeit noch immer tiefen und breiten Nemonienstrom münden zugleich die das ungeheure Sumpfterrain des grossen Moosbruch und der Schneckenschen Forst einigermassen entwässernden Flüsse Timber und Laukne mit einer Unzahl kleinerer und grösserer, zum Theil schon von dem Nadrauer Plateau herabkommender Quellflüsschen.

Die Mitte des Deltas durchschleichen endlich in trägem Laufe, weil meist künstlich oder natürlich bereits ausser Verbindung mit dem Memelstrome selbst gesetzt, als breite und tiefe einstmalige Strommündungen der Reihe nach von Süden nach Norden gerechnet

---

*) Wutzke, Preuss Prov.-Bl. 6. 1831. Die Verdämmung muss jedoch nicht ausreichend gewesen sein, denn im Jahre 1752 wird ein abermaliges Verschlagen des Schalteik-Flusses zugleich mit dem der Alga und Schilwetinne angegeben.

der Tawellstrom, die Inse, die Loye, der Rungel-Fluss, die Alge, Ackminge und der allein circa 100 Ruthen breite Skirwiethstrom, ungerechnet die grosse Zahl alter Nebenarme, namentlich des Russstromes.

Für die Schifffahrt dient nur der breite Russstrom und die durch völlige Canalisirung*) ziemlich grade gelegte Gilge, welche noch durch den Seckenburger Canal mit dem Nemönien und durch den Grossen Friedrichsgraben von diesem aus wieder mit der Deime verbunden ist, so dass auch ohne Vermittelung des Haffes eine direkte Wasser-Verbindung mit dem Pregel, resp. zwischen Tilsit und Königsberg hergestellt ist.

Eine ähnliche, das der Schifffahrt gefährliche Haff umgehende Verbindung ist zwischen Tilsit und Memel augenblicklich etwa zur Hälfte vollendet. Indem man eine grabenartige Verbindung des Mingeflusses mit dem Russstrome kanalartig vertiefte und erweiterte, sodann durch eine Einsenkung des Windenburger Höhenzuges bei Lankuppen einen Canal aus der Minge auslenkte und gegenwärtig bis in die Drawöhne vollendet hat, kann die bedeutende aus Russland nach Memel gehende Holzflösserei bereits die am meisten gefährliche Windenburger Ecke umgehen. Die weitere Fortsetzung dieses, des sogen. König Wilhelms-Canals bis zur Schmelz, ca. $1^1/_4$ Meile südlich Memel, wo das Haff sich bereits einem Strome ähnlicher verengt, ist zur Zeit noch im Bau begriffen.

Schliesslich muss hier noch die Eindeichung und künstliche Entwässerung des Memel-Deltas in kurzen Umrissen gezeichnet werden. Zu diesem Behufe lässt sich das letztere am besten theilen in die Niederung nördlich des Russstromes, das Dreieck zwischen Russ und Gilge und die Niederung südlich der Gilge.

Nördlich des Russstromes kommt hier nur in Betracht die von der Jäge, einem schwachen Nebenarme der Memel durchflossene Plaschker Niederung, da das gesammte übrige Gebiet nur von Moosbrüchen und dazwischen zum Vorschein kommenden Haidesandhügeln erfüllt ist. Sie ist noch garnicht eingedeicht und wird es auch wohl kaum werden, da die Besitzer der äusserst fruchtbaren Wiesen meistentheils den grossen Vorzug der alljährlichen Ueberstauung und Erhöhung durch frischen fruchtbaren Schlickabsatz erkannt haben. Einer Eindeichung bedurfte hier noch am ehesten das sich oberhalb anschliessende, dem ersten Anprall der Stromwasser ausgesetzte inselartige Gebiet zwischen dem Memelstrom und seinem früheren Bette, der alten Memel, und ist solches durch ziemlich hohe und starke Dämme als Winge-Polder auch seit längerer Zeit bereits abgeschlossen.

Zwischen Russ und Gilge hat nur erst eine einseitige Eindeichung stattgefunden. Durch hohe fortlaufende oder die vorhin genannten kleinen inselartigen Höhenzüge verbindende Dämme hat man das ganze Dreieck auf den beiden von Russstrom und Gilge gebildeten Seiten gegen das direkte Hochwasser der Memel geschützt**). Da man aber die ganze von der Mündung der Gilge bis zum Skirwiethstrom allein 4 Meilen betragende lange Seite zum Haff, resp. zu den längs desselben ziehenden Elsenbrüchen der Ibenhorster Forst offen gelassen hat, so ist die Gegend, mit Ausnahme der schon höher gelegenen oberen Theile und namentlich der Dreiecksspitze zwischen Kaukehmen und Schanzenkrug, bei dem alljährlich

*) 1613 bis 1616 wurde die neue Gilge von Sköpener Fähre bis Dümpelkrug bei Lappienen 60 Fuss breit und 8 Fuss tief gegraben, aber erst 1778 durch den Durchstich oder neuen Canal aus dem Russstrom in die alte Gilge bei Schanzenkrug an der Theilungsspitze fahrbar gemacht.

**) Der Damm längs der Gilge endet am Tawellstrom, der längs des Russ beim Beginn des Bredszuller Moor und der Ibenhorster Forst.

mehrfach sich ereignenden Haffstau keinesweges gegen Ueberschwemmung geschützt, nur mit dem Unterschiede, dass die Stauwasser keine neuen fruchtbaren Sinkstoffe zuführen.

Das Gebiet südlich der Gilge ist dagegen schon seit längerer Zeit vollständig eingedeicht, keineswegs jedoch bisher grade zum sonderlichen Vortheil seiner Ländereien. Der bei Splitter, unweit Tilsit beginnende Damm läuft längs der Memel, der alten und der neuen Gilge und verfolgt sodann noch eine Strecke weit den Seckenburger Canal. Von Seckenburg selbst aus macht aber schon ein Querdamm längs des Kleinen Friedrichsgraben über Petricken, wo er den Nemonienstrom mittelst Schleuse abschliesst, den Anschluss an das bei Alt Heidlauken bereits genügend hohe grosse Moosbruch. Auf diese Weise ist auch hier das Hochwasser der Memel völlig abgehalten, ebenso gut aber wurden auch andrerseits die nicht unbedeutenden, nicht nur von dem oberen Theile, der sogenannten hohen Niederung bei Neukirch und Heinrichswalde, sondern auch von einem grossen Theile des Plateaus südwestlich Tilsit abfliessenden Wasser sämmtlich von den Dämmen zurückgehalten und der tiefen Niederung bei Seckenburg und Petricken zugeführt. Da zudem das hier bei Petricken stehende grossartige Wasserhebewerk die nicht geahnte Menge des zufliessenden Wassers nicht schnell genug zu wältigen vermochte, so hatte die tiefe Niederung bei Lappienen, Seckenburg und Jodgallen, deren Entwässerung doch gerade in erster Reihe bezweckt war und deren Einwohner desshalb auch entsprechend höhere Sätze zum Deichverbande zu zahlen haben, grade umgekehrt den Nachtheil, dass ihre Ländereien nicht nur nicht minder von Ueberschwemmung zu leiden hatten, sondern auch beständig nass erhalten blieben. Diese grossen Uebelstände erkennend, die mit der Zeit statt einer Entwässerung eine völlige Versumpfung der nicht mehr durch neuen Schlickauftrag sich erhöhenden Lappiener und Jodgaller Niederung hätten nach sich ziehen müssen, hat man jetzt begonnen durch Eindämmung auch der Warsze, der Schalteik, der Schnecke und selbst der Selse, einerseits die Wasser, sowohl der hohen Niederung, als die mittelst des Linkuhner-Canals abgefangenen der Plateauhöhe zu isoliren und direkt abfliessen zu lassen; andrerseits hierdurch mehrere einzelne Polder in dem ganzen eingedeichten Bezirk zu bilden und so zu verhindern, dass die atmosphärischen Niederschläge in demselben sich alle nach einer Gegend zuzögen. Um dieses auch selbst innerhalb der neugebildeten kleineren Polder zu verhindern, sucht man die Wasser durch Abzugskanäle und Vorfluthgräben aufzufangen und führt sie, mehrfach sogar mittelst sogen. Unterführungen, so z. B. durch das Bett der Warsze, der Selse etc. direkt zu den Schöpfwerken. Wie aus der geologischen Karte, Section 4, genauer zu ersehen sein wird, hat man augenblicklich 3 Polder gebildet, den Lappiener mit dem alten Petricker Hebewerk, den Jodgaller mit einem neuen, am Zusammenfluss der Schnecke und Uszleik gebauten und endlich den Warnie Polder mit dem noch erst zu erbauenden Schnecker Hebewerk, welches die Wasser durch den neuen Canal in südlicher Richtung der Medlaukne und so in einem Umwege unterhalb des Petricker Hebewerkes in den Nemonien fliessen lässt. Ein vierter, durch eine Einsenkung in der höheren Niederung nördlich Neukirch gewissermassen von Natur gebildeter Polder, der Selse Polder, schickt seine Wasser durch die eingedämmte Selse gleichfalls dem Jodgaller Hebewerke zu.

B. Speciell geognostische Beschreibung der Gegend.

Uebersicht der auftretenden Formationen.

Diese in ihrer Oberflächengestaltung soeben zu schildern versuchte Umgebung des kurischen Haffes besteht in Betreff ihrer geognostischen Bodengestaltung durchweg aus Quartärbildungen. Aeltere, wenn auch nur den dem Alter nach nächststehenden Tertiär-Formationen angehörende Bildungen treten nur in einem bis jetzt vereinzelten Punkte verhältnissmässig nahe in den Bereich dieser Gegend. Es ist dies ein Emportreten von Schichten des Braunkohlengebirges, namentlich Braunkohle selbst, in dem kleinen Bachthale des Purmalle-Baches bei dem Gute Purmallen, ca. 1 Meile nördlich Memel. Das hier anstehende Braunkohlenflötz ist, wenigstens den beiden vom Bache aufgedeckten Stellen nach zu urtheilen, entschieden bauwürdig. Dennoch dürfte kaum Aussicht zur Inangriffnahme seiner Gewinnung vorhanden sein, da das nahe und durch Chaussee verbundene Memel, die stets in Menge als Ballast von England ankommende Steinkohle zu so ausnahmsweise wohlfeilen Preisen*) erlangen kann, dass an eine Concurrenz auch der besten Braunkohle unter diesen Umständen nicht zu denken ist.

Im Uebrigen sind die nächsten bekannten Punkte anstehenden Tertiärgebirges noch über 3 Meilen von der südlichsten Ecke des Haffes entfernt, an der Steilküste des westlichen oder hohen Samlandes bei Neukuhren und Rauschen zu suchen.

Die Quartärbildungen werden im Folgenden, wie auch in der geologischen Karte und dem Uebersichtsblättchen, Taf. II geschehen, ihrem Alter nach gesondert zunächst in Alluvium (Anschwemmungen oder gegenwärtig sich fortsetzende Bildungen) und Diluvium (Driftbildungen oder Bildungen der Eiszeit).

Beide Formationen zerfallen ihrem relativen Alter nach abermals in ältere und jüngere Bildungen, so dass sich unter gleichzeitiger Berücksichtigung ihrer Hauptbildungsarten und ihrer Bestandtheile, sowie nach der ersten Grundregel der Geognosie, dass die jedesmal ältere Schicht nur von einer relativ jüngeren bedeckt sein kann, folgende Untereinanderfolge ergiebt.

Alluvium.

I. Jüngeres Alluvium (Recente oder Gegenwärtige Bildungen).

Salzwasserbildungen.		Süsswasserbildungen.
Seegeröll, Seesand.	Haffsand.	Sand und Schlick, Wiesenmergel, Raseneisenstein, Humus, Moor, Torf.

Flugbildungen.
Dünensand.

II. Aelteres Alluvium (bereits abgeschlossene jüngste Bildungen).

Haidesand mit Fuchserde und Moosschichten.

Diluvium.

III. Oberes Diluvium.

Sand, Grand und Geröll. — Oberer Diluvialmergel mit Geschieben.

IV. Unteres Diluvium.

Sand, Grand und Geröll. — Unterer Diluvialmergel mit Geschieben. — Geschiebefreier Thon.

*) Die 2 Scheffel-Tonne kostet meist nur 12 bis 10 Sgr., also beinahe oder grade soviel, als in Steinkohlengegenden selbst vielfach auf dem Schachte.

Salzwasserbildungen.

Strandbildung (Winter- und Sommerstrand). — Seesand und Geröll. — Verbreitung. — Abhängigkeit der Zusammensetzung von den Küstengesteinen.

Von Salzwasserbildungen unterscheiden wir in dem in Rede stehenden Bereiche nur See-Sand und Grand und See-Geröll, Bildungen, welche mit ihren Uebergängen als eine continuirliche, nur durch Grösse ihrer Gemengtheile verschiedene Reihe betrachtet werden können.

Weniger die See selbst, als die von der Höhe der Uferberge herabsickernden Tageswasser nagen beständig an den Küsten. Aber der Erfolg ist derselbe. Wenn der Wellenschlag zur Winterszeit und bei Stürmen über den flachen Strand fort den Küstenfuss selbst bespült, so kommen sowohl die im Laufe des Sommers abgebröckelten und herabgestürzten Gebirgsmassen in seinen Bereich, als auch durch die Verwitterung gelockerte und nach Fortführung jener Schuttmassen ihrer Stütze beraubte Uferstücke direkt in die See stürzen.

Hier werden sie theils durch die Brandung, theils durch zeitweise Trockenlage schneller oder langsamer in ihre einzelnen Gemengtheile zerlegt. Thonige und thonig-kalkige stets leicht suspendirt bleibende Theile werden weiter in See hinausgeführt und kommen erst im ruhigeren Wasser tieferer Stellen wieder zum Absatz. Humose Bestandtheile gerathen verhältnissmässig nur in geringer Menge in die Seeschälung und gilt von ihnen sodann dasselbe. Uebrig bleiben nur noch die Sande, eingemengten Steine und grösseren Geschiebe. Sie bleiben, völlig rein von den genannten leicht suspendirbaren Theilen ausgewaschen am Ufer zurück und bilden noch auf ziemliche Erstreckung hinaus den Boden der See. Je nach der Stärke und Richtung des Wellenschlages werden sie bald in beträchtlicher Mächtigkeit am Fusse des Seeabhanges aufgeschichtet, bald wieder theilweise hinabgespült. Es bildet sich so der mehr oder weniger veränderliche Strand jener schmale, sanft geneigte Streifen ebenen Vorlandes, wo einzig Salzwasserbildungen des Alluviums gegenwärtig, und zwar streng genommen auch nur periodisch, trocken zu Tage liegen.

Jede an dem Strande verrollende Welle führt Sandtheilchen mit sich, deren ein Theil in einem nur wenige Linien breiten und hohen Streifen an der oberen Grenze zurückbleibt. Jede folgende thut dasselbe, durchbricht, wenn sie höher hinaufreicht, den vorigen Streifen oder bildet einen neuen unterhalb des ersten. So entsteht ein ganzes System sich vielfach unter einander abschneidender Bogenlinien als Grenze der augenblicklichen Schälung der See. Durch grössere Stücke spezifisch leichteren Materiales, wie Rohr- und Holzbrocken, zuweilen auch Bernsteinstückchen oder vom Grunde der See losgerissene Seegras- und Tangmassen markirt sich diese Grenze zuweilen schon aus grösserer Entfernung und wenn in den folgenden Tagen oder auch schon Stunden die See sich in Folge vorherrschenden Landwindes oder auch nur Nachlassen des bisherigen Seewindes mehr und mehr zurückgezogen hat, bezeichnen mehrere derartige Grenzlinien auf dem sich breiter zeigenden Strande die frühere Schälung. Die durch Wind und Sonne abtrocknenden Sande werden nun bei nie lang ausbleibendem Seewinde von diesem, noch lange, ehe die Wellen sie wieder erreicht haben, zum Theil landeinwärts geführt und liefern, wenn nicht hohe Ufer hindern, das Hauptmaterial zu den im nächsten Abschnitte zu besprechenden Flugsanden und deren Dünenbildung. Je nachdem die wieder auf den Strand tretende See nun durch mehr oder weniger heftigen Wellenschlag hierbei die vordem aufgehäuften Sandmassen selbst wieder unterspült oder beim Zurücktreten durch starkes, allen Seebadenden wohl bekanntes „Ziehen" der zurückfliessenden Welle mehr Sand mit hinabführt, als diese hinaufgeschoben, wird andrerseits der Strand auch zeitweise immer wieder in etwas verflacht und erniedrigt. Daher kommt es, dass seine durchschnittliche Höhe trotz allen Sandauftrages immerhin mehr oder weniger dieselbe bleibt.

Durch diese stete Bewegung werden die einzelnen Körner allmälig abgerieben, die Steinchen und grösseren Steine, in dem Sande sich schiebend und mit Sand und Wasser polirt, zuletzt völlig glatt und meist flach abgeschliffen und selbst die grössten Geschiebe immer mehr und mehr ihrer Kanten beraubt und gerundet.

Zur Winterszeit, wo fast durchweg eine heftigere Brandung, zuweilen sogar durch Eisschollen unterstützt, den Strand der Nehrung, wie des Samländer- oder Memeler-Plateaus völlig überspült, häufen sich die gröberen Gemengtheile, namentlich auch die kleineren Steingerölle mehr an der oberen Grenze desselben an. Man unterscheidet desshalb auch einigermassen an jedem Strande, besonders genau aber an dem der Nehrung, Winter- und Sommerstrand. Ersterer zeigt sich hier dicht bedeckt mit vorzüglich glatt geschliffenem bis faust- und handgrossem Geröll, letzterer aus reinem mittel- bis grobkörnigem Sande bestehend. Grosse Geschiebe, sogen. erratische Blöcke bleiben, da sie in der Regel auch die stärkste Brandung nicht zu bewegen vermag, meist auf der Stelle liegen, wohin sie aus dem Uferrande gestürzt sind. Nur unter günstigen Verhältnissen werden auch sie mit Hülfe starker Eisschollen, in welche sie eingefroren oder welche die See zu Zeiten auf den Strand hinaufschiebt, mehr oder weniger hinauf oder hinabgerückt.

Wo Geschiebe auf dem Strande lagern, kann man daher, wie auch die Beobachtung lehrt, an unsern Küsten mit Bestimmtheit folgern, dass solche einschliessende Diluvialschichten über dem See-Niveau in der Küste anstehen. Daher finden wir Steine auf dem Strande am Fusse des Samländer Plateau bei Cranz, ebenso zum Theil längs der Sarkauer Forst auf der Nehrung, und, wenn auch in so geringer Zahl, dass sie auf der geologischen Karte nicht besonders unterschieden werden konnten, auch dem Nehrungsstrande bei Rossitten und am Seestrande nördlich Memel.

Da überhaupt im Bereiche der in Rede stehenden Gegend keine älteren als Diuvialschichten bis unter das Meeres-Niveau hinab die Küsten bilden, so besteht auch der See-Sand und Grand des Strandes hier durchweg aus ausgespültem Sande und Grande des Diluviums. Seine Gemengtheile zeigen daher wie bei diesem, ausser den mehr oder weniger abgeschliffenen Quarzkörnchen, die dem Diluvium charakteristischen fleischrothen Feldspathkörnchen und zuweilen die gewöhnlich für Hypersthen angesprochenen schwarzen Körnchen. Daneben zeigen sich auch grüne Glaukonitkörnchen, welche der Diluvialsand Ostpreussens wieder aus den Glaukonitsanden der Bernstein-Formation übernommen hat.

Den ebenfalls dieser Formation ursprünglich entstammenden wohlbekannten und vielbegehrten Bernstein wirft die See auf der ganzen in Rede stehenden Strandstrecke bei günstigem Winde, wenn auch lange nicht annähernd dem Auswurfe der samländischen Westküste, doch immerhin noch in nennenswerthem Maasse aus, so dass, wenn er nicht bereits seit Jahrtausenden beständig durch die Anwohner aufgelesen würde, er einen beachtenswerthen Gemengtheil der Strandbildungen ausmachen würde. Nördlich Memel hat sich aber demungeachtet auch jetzt noch der Strand in der Tiefe so reichhaltig an eingespültem Bernstein gezeigt, dass man eine Gewinnung desselben versucht hat, wie solches auch auf dem Strande der Danziger und der frischen Nehrung mit gutem Erfolge seit Längerem geschieht. Es ist ein naheliegender Irrthum anzunehmen, dass durch die häufige Wiederabspülung des Strandes die Anhäufung des Bernsteins, auch wenn er nicht abgelesen wird, verhindert würde. Bedenkt man aber, dass durch die stete Fortführung eines Theiles des Sandes als Flugsand (und wie bedeutend diese Massen mit der Zeit geworden sind, wird der folgende Abschnitt beweisen), bei der gleich bleibenden durchschnittlichen Strandhöhe doch immer noch eine grössere An- als Abspülung stattfinden muss; bedenkt man ferner, dass von diesem Mehr immer wieder nur Sande fortgeweht werden, Bernstein, Holz und Tang aber zurückbleiben und endlich noch, dass diese, wenn sie nur vorhanden, ihres specifischen Gewichtes halber, leichter wie Sand immer wieder ausgeworfen werden, so führt dies nothwendig zu der Annahme, dass eine Anreicherung des Bernsteingehaltes im Strande stattfinden muss. Die Richtigkeit des Schlusses beweisen die angeführten Thatsachen. Kommt nun gar noch eine allmälige Senkung des Landes hinzu, wie solches im zweiten Theile der Abhandlung für die letzt verflossenen Jahrhunderte unserer Gegenden sich herausgestellt hat (siehe den 2. Theil), so konnten und mussten zur steten Erhaltung des Strandes auch noch mehr der angeschwemmten Sande und also auch des mitgeführten Bernsteins im Strande zurückbleiben und es wird erklärlich, wie sogar ganze Schälungslinien der See in ihren vielfachen Krümmungen durch einfache Bedeckung erhalten geblieben sind.

An Auswurf von Schaalthierresten ist der besagte Strand im Ganzen arm zu nennen. Kleinere Anhäufungen an einzelnen Stellen oder vereinzelte Schaalen gehören fast immer Cardium edule und Tellina baltica an, selten sind es Bruchstücke von Mya arenaria. Nördlich des Memeler Tiefs finden sich dazwischen auch aus dem Haffe stammende Süsswassermuscheln.

Flug-Bildungen.

a. Flug- oder Dünensande der Seeküste.

Abhängigkeit derselben vom Winde und von anstehenden älteren Bildungen. — Anhäufung zu Dünen. — Vergleich der Dünen der Nehrung mit andern bedeutenden Dünen. — Das Wurzelende der Nehrung. — Die Platte der Nehrung und das Kupsenterrain. — Triebsandterrain. — Der hohe Dünenkamm. — Profil (Fig 1) — Die Einzelberge bei Rossitten.

Zu den Flug- oder Dünensanden rechnen keinesweges, wie es irrthümlicher Weise im gewöhnlichen Leben häufig zu geschehen pflegt und daher hier auch zu berühren nothwendig erscheint, alle, wo sie dem Winde an ihrer Oberfläche ausgesetzt sind, besonders leicht beweglich erscheinenden feinkörnigen Sande. Solche finden sich vielmehr durch alle Formationen hindurch ebenso gut, und selbst vorwiegend, auch vom Wasser abgesetzt. Die Feinkörnigkeit ist überhaupt an sich durchaus kein Kriterium, nicht einmal eine nothwendige Eigenschaft des Flugsandes, wenn auch feine Sande ganz besonders geeignet sind, unter Einwirkung des Windes Sandwehen und Dünenbildung zn begünstigen. Die Grösse des Kornes steigt vielmehr in der That bis zu der fast als feinen Grand zu bezeichnenden gröbsten Sorte des sogenannten Maurersandes. Ja die Dünen der kurischen Nehrung bestehen sogar der Hauptsache nach aus keinesweges feinem, vielmehr meist zu bezeichnetem Zwecke brauchbaren Sande. Die zum Belege der Kartenaufnahmen gebildete Sammlung weist Dünensand, beispielsweise von der Höhe des gegen 150 Fuss hohen Bärenkopfes der kurischen Nehrung nach, von mehr als 2 Millimeter erreichendem Korn. Es kommt somit hierbei nur an, auf die durch weite Flächen, besonders die Meeresfläche, begünstigte Stärke des Windes und die in seinem Bereiche vorhandene Korngrösse der Sande.

Ebenso ist die Zusammensetzung des Flugsandes durchaus abhängig von der Zusammensetzung der an Ort und Stelle oder in der Nachbarschaft eben vorhandenen Sande. Wie der Flugsand, beispielsweise der Gegend von Rauschen und St. Lorenz in dem benachbarten westlichen Samlande dieselben Bestandtheile und also dasselbe Aussehen zeigt, wie der dortig anstehende Braunkohlensand, eben weil er aus diesem aufgeweht ist, so gleicht wieder der Flugsand der kurischen Nehrung, weil er ursprünglich aus der See stammt, durchaus dem Seesande der Nehrungsküste und lässt sich nur durch seine Lagerungsverhältnisse an Ort und Stelle von diesem und dem ebenso sehr gleichenden Diluvialsande unterscheiden.

Wenn bei niedrigem Gange der See der durch den Wellenschlag der vorhergehenden Tage oder Stunden am Strande aufgeworfene Sand an der Oberfläche abtrocknet, so beginnt auch alsbald der Wind sein unermüdliches Spiel mit den losen Körnchen. Indem er sie meist dicht über dem Boden hin fast immer mehr oder weniger landeinwärts weiter treibt, bildet er, um mich der Worte Schumann's*) zu bedienen, „ein oft sehr regelmässiges System kleiner paralleler Sandwellen, die auf der Windseite sanft aufsteigen, um auf der Leeseite ziemlich steil abzufallen. Sie sind Dünen en miniature. Nachdem der Wind die Sandkörner bis auf den Kamm getrieben, gleiten die schwereren Körner auf der andern, steileren Seite herab, während die leichteren den nächsten Wellenberg erreichen, um von da eine weitre Wanderung zu machen.“ Messungen, die Schumann anstellte, gaben als Breite einer solchen Sandwelle 3 Zoll, als Neigungswinkel 7½, als Fallwinkel 38 Grad. So bei gewöhnlichem, selbst schwachem Winde. Anders bei heftigerer Windbewegung oder gar Sturm. Dass der Sand dann zum Mindesten über mannshoch gewirbelt wird, beweist dem Wanderer das prickelnde Stechen, das die unausgesetzt ihm in's Gesicht gepeitschten Körnchen verursachen und noch handgreiflicher der in den Haaren, Ohren und auf der ganzen Haut des Gesichtes haftende garnicht so überaus feine Sand. Den Boden ab und zu wohl wieder berührend, treibt so der Sand über weite Strecken hin und bleibt erst liegen, wo er Schutz gegen den Wind findet. In gewissem Grade gewährt solchen Schutz aber jede Unebenheit des Bodens, namentlich jede Pflanze auf demselben. Vor und über einem solchen Hinderniss bildet sich schnell mit gleichem Profile, wie die vorhin beschriebenen Sandwellen, ein kleiner Sandhaufen, auf dessen dem Winde zugekehrten sanften Abhange als einer geneigten Ebene auch bei schwächerem Winde der Sand in der schon bekannten Wellenform aufwärts steigt und endlich an dem steilen dem Winde abgekehrten Abfalle hinabrollt.

Eine jede andere als die charakteristische Vegetation der Sandgräser (Ammophila arenaria (Sandhafer) und Elymus arenarius (Sandhaargras) wird auf diese Weise sehr schnell erstickt. Die Eigenschaft der Sandpflanzen aber ist es, immer von Neuem aus dem Sande hervorzuwachsen, ja sie bedürfen geradezu einer zeitweisen Sandanhägerung und sterben, wo ihnen diese auf irgend eine Weise, wie etwa durch Bildung künstlicher Vordünen, entzogen ist, nach wenigen Jahren (nach Angabe des Dünen-Bauinspektor Epha in Cranz in 4 bis 6 Jahren) ab, ein Umstand, dessen Nichtbeachtung bei Dünenbefestigungen schon manche Summen gekostet hat und theilweise noch kostet, worauf erst in einem späteren Abschnitte näher eingegangen werden kann. Mit dem Emporwachsen der den Sand auffangenden Pflanzen wächst aber bei ungehindertem Zufluss naturgemäss auch die Höhe der gebildeten Düne. Eine Düne verschmilzt mit der anderen unter gleichen Verhältnissen neben ihr gebildeten und so entstehen ganze Ketten und regelmässige Kämme, deren Längsrichtung der Hauptsache nach rechtwinklich zur Richtung des vorherrschenden Windes steht, eben weil sie aus nebeneinanderliegenden, auf Kosten der vor- und rückwärts gebildeten Dünen entstanden.

Die bei weitem bedeutendsten Dünen nicht nur Deutschlands, sondern wohl Europas überhaupt finden wir nun grade auf der kurischen Nehrung. Der Dünenkamm der frischen Nehrung steht ihnen entschieden nach. Die ansehnlichen Dünen der schleswigschen und der jütischen Westküste, die ebenso wie die hohen Dünenzüge Hollands verhältnissmässig weit öfter von sich haben reden gemacht, erreichen kaum die Hälfte ihrer Höhe. Am nächsten mögen ihnen noch die mächtigen Dünen der Westküste des südlichen Frankreichs in den „Landes“ südlich Bordeaux kommen, von denen mir Höhenzahlen jedoch leider nicht zu Gebote stehen. Dr. Maak in Kiel giebt in seinem Aufsatze „Die Dünen

*) N. Pr. Prov.-Bl. S. 155.

Jütlands"*) die gewöhnliche Höhe derselben in den meisten Aemtern zu 30 bis 50 Fuss an, während sie an einzelnen Stellen bis 100 Fuss erreichen kann". An derselben Stelle**) heisst es weiter: „auf Sylt soll die Höhe der Düne gar bis 200 Fuss ansteigen, aber hier ruht sie auf einer 110 Fuss hohen festen Masse, deren schräge Fläche die Düne erstiegen". Es ist dies ein mit der besprochenen Entstehungsweise der Düne zusammenhängender so häufig vorkommender Fall, welcher gar leicht zu Ueberschätzungen der Dünenhöhe verleitet. Auch in diesem letztgenannten Falle beträgt die Höhe der Düne also nur 90 Fuss, während die durchschnittliche Kammhöhe des Dünenzuges der kurischen Nehrung, wie Seite 134 bereits mit genaueren Zahlen angegeben wurde, in dem südlichen und nördlichen Theile gegen 100, in dem mittleren 150 Fuss beträgt, eine grosse Anzahl kuppenartiger Erhöhungen auf demselben aber beinahe 200 Fuss erreichen.

So majestätische, zum Theil als Sturzdüne***) steil in's Haff fallende Berge von der Sohle bis zum Scheitel aufgewehten Sandes wollen selbst gesehen, selbst betreten sein, um an ihre Existenz glauben zu machen. Sie spotten in der Grossartigkeit ihrer Linien, der Schärfe und gleichzeitig sanften Rundung ihrer Formen, in dem blendenden und zugleich sammetartig mit der Beleuchtung wechselnden Glanze aller Schilderung, die selbst eine bildliche Darstellung nur annähernd zu geben vermag.†) Die ganze 15 Meilen lange kurische Nehrung zeigt sich nun, wie die Karte ergiebt, fast durchweg aus Dünensand und hohen Dünen gebildet. Nur an zwei Stellen, unter der Sarkauer Forst an ihrem Wurzelende und ungefähr in der Mitte bei Rossitten tritt ihre feste, aus Diluvialschichten bestehende Unterlage wenige Fuss hoch über den See- und Haffspiegel empor. Schon bei dem Badeorte Cranz, an der Nordküste des Samlandes, bedeckt den festen, hier besonders fruchtbaren Diluvialboden einige Fuss hoch aufgewehter Sand 50 bis ca. 130 Ruthen landeinwärts, der sich weiter östlich bei dem sogenannten Waldhäuschen zu kleinen 10 bis 15 Fuss hohen Dünen häuft.

Bald hinter diesem allen Badegästen wohl bekannten Vergnügungsorte senkt sich der tiefe Sandweg ein wenig; der bisher unter dem Sande in Gräben und Vertiefungen stets bemerkbare Lehmboden des Diluvialmergels ist verschwunden, der Flugsand ruht direkt auf Moorboden. Wir befinden uns in der durch ein Torfmoor längst verwachsenen und zuletzt verwehten Einsenkung, mittelst welcher das kurische Haff hier vor Zeiten mit der Ostsee in Verbindung stand.

Wer unmittelbar am Strande entlang seinen Weg von Cranz aus genommen, bemerkt nichts von dieser Einsenkung, weil die zum Schutze gegen einen Durchbruch hier künstlich angehegerten Dünen sie von der Seeseite her geschlossen haben. Wohl aber lässt sich bemerken, wie der unter dem Flugsande an dem Uferabsturz mehrfach zum Vorschein kommende Diluvialmergel sich mehr und mehr senkt, obgleich das Ufer selbst eben durch die Dünenanwehung ungefähr in derselben Höhe sich erhält. Bei dem alten Tief selbst ist er

---

*) Frei bearbeitet nach Andresen's Werk „Om Klittformation" enth. in Zeitschr. f. allg. Erdkunde von Prof. Dr. W. Koner, Jahrg. 1865.

**) a. a O S. 216.

***) So nennt der Nehrunger treffend die dem Winde abgekehrte, vielfach, durch plötzliche Abrutschungen unterstützt, mit dem steilsten natürlichen Böschungswinkel von 45 Grad abfallende Seite der Düne.

†) Ich kann es nicht unterlassen, an dieser Stelle auf 3 vor einigen Jahren von dem Maler Penner entworfene Dünenbilder von der kurischen Nehrung und ebenso auf eine Reihe vor Kurzem in weiteren Kreisen bekannt gewordener grösserer Kartons des Maler Petereit hierselbst aufmerksam zu machen, welche als meisterhafte Darstellungen des in seiner Grossartigkeit noch so unbekannten Dünenlebens, wohl der allgemeinen Kenntniss durch Vervielfältigung werth wären.

bereits längst unter dem Strande verschwunden, kommt aber bald hinter demselben auf der eigentlichen Nehrung bis drei und fünf Fuss hoch über dem Meeresniveau wieder zum Vorschein und bleibt längs der Sarkauer Forst grösstentheils in diesem Niveau erkennbar.

Auf dieser festen Unterlage, nur durch einige Fuss später zu besprechenden älteren Alluvialsandes noch getrennt, lagert der die Oberfläche der Nehrung bildende Dünensand. Bis Sarkau hin besitzt er nur wenige Fuss Mächtigkeit. In einiger Entfernung vor diesem Dörfchen ist seine feste Unterlage bereits wieder unter dem Seeniveau verschwunden. Ein von den Seedünen aus zum Haffe sich hinziehendes Fliess deutet hier abermals auf einen früheren Zusammenhang beider Gewässer hin. Die dritte Stelle eines alten Tiefes findet sich hier nördlich resp. nordöstlich des Dorfes, wo der noch auf der Henne berger schen Karte unter dem Namen Kaalandt (wahrscheinlich Kahles Land) bekannte schmälste, circa 1000 Schritt in der Breite messende Theil der Nehrung nur um wenige Fuss den Wasserspiegel überragt und das Haff selbst, in einem seiner Tiefe halber unter dem Namen Kolk bekannten Busen noch jetzt die Breite seines Ausflusses erkennen lässt. Schon mehrfach hatten im vergangenen Jahrhundert bei Sturmfluthen die Wogen der Ostsee hier in's Haff ihren Abfluss gefunden, so dass, wie in einem späteren Abschnitte besprochen und durch eine jetzt im Besitze der Königl. phys. ökon. Gesellsch. befindliche alte Karte bewiesen wird, hier Ende der neunziger Jahre vorigen Jahrhunderts künstliche Schutzdünen an der Seeseite angelegt werden mussten.

Im etwa einer Meile Entfernung von Sarkau, ca. 2½ Meile von dem Wurzelende der Nehrung beginnen die ersten wirklichen Dünen berge, bekannt unter dem Namen der „Weissen Berge“. Die Nehrung nimmt hier erst ihre eigentliche und ganz veränderte Gestalt an. Gleich hinter dem mit abgeschliffenen Steinchen bedeckten Winterstrande zieht sich längs der ganzen Nehruug ein mehr oder weniger breites, nur wenige Fuss über dem Seeniveau erhabenes Terrain hin, das von einer Menge kleinerer und grösserer, vom Winde unregelmässig wieder ausgerissener Sandhügel, sogenannter Kupsen, bedeckt ist. Letztere sind theilweise dünn mit Sandgräsern bewachsen, während zwischen ihnen in den tieferen ebenen Stellen der Boden auffallend feucht und zum Theil mit einer frischen Grasnarbe bedeckt ist Wo dieses Kupsenterrain, wie auf meilenlange Strecken längs der ganzen Nehrung, schon durch eine künstliche Schutzdüne von dem eigentlichen Strande getrennt ist, der neu aus der See zugeführte Flugsand zum grössten Theile in dieser Vordüne zurückbleibt und sie erhöht, somit also keine neuen Kupsen auf der Ebene zu bilden vermag, sind diese schon alle nach Osten gewandert und haben eine zur Anlage von Baumpflanzung, der sogenannten Plantage, am besten geeignete, mehr oder weniger feuchte Sandebene, die Platte der Nehrung zwischen sich und den Schutzdünen zurückgelassen, die sich von selbst benarbt hat und eine verhältnissmässig gute Weide abgiebt.

Windet man sich auf und zwischen den Kupsen nach Osten hindurch, was weder zu Fuss noch zu Pferde zu den Annehmlichkeiten gehört, vielmehr ungemein ermüdet, da man sich alle Augenblicke von Neuem am Rande eines, wenn auch nur wenige Fuss tiefen, steilen Windausrisses befindet, so steht man vor der wenig unterbrochenen Kette der in ziemlich ansehnlicher Böschung zu 100 bis 150 Fuss, an den höchsten Punkten, wie bereits erwähnt, bis nahe 200 Fuss aufsteigenden hohen Dünenberge.

Aber obgleich in nur Steinwurfsweite vom Fusse derselben entfernt, sind sie so leicht noch nicht zu erreichen. Ein schmaler Streifen völlig ebenen, nicht das kleinste Grashälmchen zeigenden, aber streifen- und fleckenweise von angesammelten schwarzen und grünen Körnchen an der Oberfläche dunkel gefärbten oder lauchgrün gefleckten Sandes zieht sich längs des Fusses der Höhen hin, soweit man blicken kann alle Vorsprünge und Einbuchtungen der im Ganzen gradlinigen Kette mitmachend. Vergebens treibt der unerfahrne Reiter sein Pferd vorwärts; es thut einen, wohl auch zwei Schritt, wie um zu gehorchen, aber bei einem, nur dem aufmerksamsten Ohre vernehmlichen, vielleicht dem leisen Knirschen einer nach dem ersten schwachen Nachtfrost durchstossenen zarten Eisdecke vergleichbaren Geräusch, springt es zur Seite, denn die trügerische Ebene bildet der gefürchtete Triebsand.

Von seinen Gefahren wird wohl Manches gefabelt, sein schlechter Ruf ist aber im Ganzen völlig gerechtfertigt, wie ich selbst bei meinen Reisen auf der Nehrung Gelegenheit hatte, mich gründlich zu überzeugen und bei Besprechung der Entstehung des Triebsandes in der Folge noch eingehender erwähnt werden mag.

Dem Instinkt der Thiere ist übrigens durchaus nicht immer zu trauen, obgleich die Nehrunger behaupten, dass kein Weidepferd den Triebsand betritt. Bei einer Probe, die ich einmal mit einem der dortigen Pferde machte, das erst am Morgen von der Weide geholt war, aber allerdings auch daneben zeitweise an Stallfütterung gewöhnt war, zeigte das Thier keine Ahnung von der Gefahr und ich konnte kaum schnell genug umwenden. Um mich zu überzeugen, ob ich mich auch nicht selbst etwa getäuscht, stieg ich vom Pferde und betrat vorsichtig die Stelle. Schon nach dem dritten Schritte sank der Stock, nachdem eine einige Zoll starke Rinde durchstossen war, so gut wie ohne Widerstand bis zum Griff ein, ohne auf festeren Boden zu kommen. Als ich zurücktrat, sah ich, wie das um meinen Fuss stehende Wasser, das mein Gewicht durch die getrocknete Rinde durchgepresst hatte, ebenso schnell wieder verschwand.

Nur wo das Terrain der Kupsen durch einen kleinen Sandrücken mit den Bergen verbunden ist, oder Grashälmchen bereits hier und da in der ebenen Fläche spriessen, kann man sicher hinüber reiten, wenn auch den Fussgänger, namentlich zur Sommerzeit, die dann 6 bis 7 Zoll starke Decke auch an den meisten andern Stellen trägt.

Hat man die Höhe des Dünenkammes erreicht, so bietet sich ein überraschender Blick gleichzeitig auf die weite Fläche der See im Westen und das Haff im Osten, während das Auge vergebens bemüht ist, das Ende der zwischen beiden am Horizonte sich verlierenden Dünenkette abzusehen.

Nach der dem Haffe zugekehrten Seiten fallen die hohen Dünen mit noch stärkerer Böschung ab zu einer schmalen, bald durchaus kahlen, bald die dürftige Vegetation der meisten Haffweiden zeigenden Ebene. Oder sie bilden völlig steile Sturzdünen, von deren oberer, sanft abgerundeter Kante man den Sand fast beständig, bald unmerklich langsam, bald ruckweise abfliessen sieht, unmittelbar in das den Fuss bespülende Haff oder auf eine jener kleinen fruchtbaren Stellen, die entweder die Ufer eines bereits verschütteten Teiches errathen lassen, oder wo unter dem mächtigen Drucke der kolossalen Sandmassen der blaue, vielfach muschelreiche Mergel des Haffbodens 5 bis selbst 15 Fuss hoch aufgepresst ist (siehe Taf. V.). Wo diese Ebene an der Haffseite breiter erscheint, da sind es mehr oder weniger weit keil- oder halbkreisförmig in's Haff vorspringende sogenannte Haken. Ihre meist ebene Fläche trägt eine nur aus der Entfernung, weil dann fast in gleicher Ebene gesehen, wirklich grün erscheinende kärgliche Weide. Zuweilen erheben sich aber auch auf ihnen noch kleinere von dem Hauptkamm losgelöste Dünenberge oder vorgeschobene Arme desselben, wie auch die Bergzeichnung in der geologischen Karte deutlich erkennen lässt.

Als durchgehenden Typus wähle ich ein südlich Nidden, nahe der Kreisgrenze, quer durch die Nehrung gelegtes Profil, wie es Fig. 1 giebt.

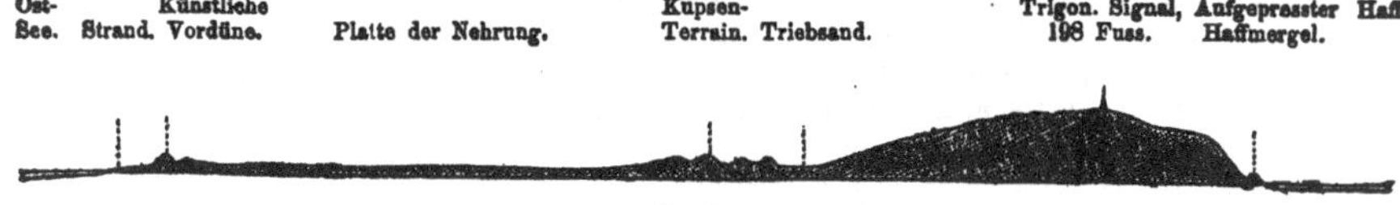

Fig. 1.
(Gleicher Massstab für Höhe und Länge.)
Profil durch die Nehrung südl. Nidden.

In der beschriebenen Weise verläuft das Dünenterrain der Nehrung ununterbrochen fast 2½ Meile bis nahe der Grenze Rossittens, bis zu der Stelle des ehemaligen Dorfes Kunzen. Nur die vorhin genannten den Anfang machenden Weissen Berge zerfallen, obgleich ebenfalls eine fortlaufende Kette bildend, aus einiger Entfernung gesehen noch in eine Anzahl ziemlich runder Kuppen. Das dritte Bildchen auf Taf. IV. giebt eine naturgetreue Ansicht eines Stückes des regelmässigen, bald höher aufschwellenden, bald sanft eingekerbten Kammes von dem Haffe aus.

Bei Rossitten, wo der feste Diluvialmergel abermals über das See- und Haffniveau emportritt und mit seinem fruchtbaren Lehmboden zum Theil unmittelmar an der Oberfläche eine mit üppigen Kornfeldern bestandene Oase in der allgemeinen Sand- und Wasserwüste bildet, gestaltet sich die Form der Dünenberge auf die Erstreckung einer Meile etwas abweichend. In Folge der auch hier, unmittelbar nördlich der Oase, einst bestandenen Verbindung zwischen Haff und See, deren Richtung eine Anzahl jährlich sich verringernder grösserer und kleinerer tiefer Teiche bezeichnet, ist die Dünenkette vielfach unterbrochen. Die Dünen erscheinen hier als eine Reihe vollkommener Einzelberge auf der hier ca. ¼ Meile breiten ebenen Sandfläche. Es sind ihrer fünf, von Süden nach Norden aufgezählt: der Walgun-Berg, der 170 Fuss hohe Schwarze Berg, die Lange Plick, der Runde Berg und der zu 108 Fuss gemessene Perwell-Berg. Namentlich der Runde Berg zeigt die mehr oder weniger diesen Einzelbergen charakteristische Form und habe ich versucht in dem zweiten Bildchen auf Taf. IV. eine naturgetreue Ansicht desselben zu geben. Nach der Seeseite zu mit dem üblichen ebenen Triebsandstreifen eingefasst, steigt er in ziemlich starker Böschung von Westen nach Osten auf und fällt als Sturzdüne steil nach dieser Seite ab. Seine Längsachse zeigt, ein wenig von der gleichen Achse der Nehrung an dieser Stelle abweichend, eine ziemlich süd-nördliche Richtung, jedoch sind die beiderseitigen Enden von den NW.- resp. SW.-Winden derartig nach dem Haffe zu vorgeschoben, dass er stark halbkreisförmig gebogen erscheint, wobei namentlich die konkave Seite der Sturzdüne unwillkürlich an die Ränder eines mächtigen Kraters erinnert und fast bei jeder Beleuchtung durch ihren tiefen Schatten einen malerischen Anblick gewährt.

Dicht hinter, ja eigentlich noch zu Seiten des letzten dieser Berge nehmen noch weit höhere als die bisher gesehenen Dünenberge ihren Anfang. In ununterbrochenem Kamme mit dem 186 Fuss hohen Predin beginnend, ziehen sie sich zunächst eine Meile weit bis zu dem Fischerdörfchen Pillkoppen hin, wo sie mit 188 Fuss Höhe endend nach einem etwa 200 Schritt breiten Wind-Durchriss in 186 Fuss Höhe direkt wieder fortsetzen und nun in ihrem beinahe 9 Meilen langen Zuge bis Memel keine wirkliche Unterbrechung mehr erleiden.

Auch nördlich des Memeler Tief hat das Flugsandterrain noch keinesweges direkt ein Ende, vielmehr hat die ganze Küste bis Nimmersatt, dem letzten preussischen Grenzorte, fast durchweg unter Flugsandverheerung gelitten und leidet theilweise noch heute darunter. Namentlich gilt ersteres von der ganzen sogenannten Stadt- und Kaufmanns-Plantage von

Memel und einem über 1/4 Meile breiten bis nördlich zur Holländer Mütze sich erstreckenden Landstreifen. Die Lagerung des Flugsandes ist aber eine völlig andre als auf der Nehrung. Das Plateau tritt hier durchschnittlich auf 150 bis 200 Ruthen und endlich in genanntem Höhenpunkte unmittelcar an die See heran, lässt also einen Streifen flachen Landes, der sich gegen Norden ausspitzt, gegen Süden aber noch über die genannte Breite hinaus ausdehnt, zwischen sich und der See. Die Breite ist hinreichend, um eine Dünenbildung zu gestatten, die, wenn der steile Plateaurand dicht an der See stände, wie bei der Holländer Mütze nicht möglich wäre. So aber haben die Flugsandmassen sich bald am Fusse derartig aufhäufen können, dass eine bedeutend sanftere Böschung entstand und da noch immerhin eine verhältnissmässig breite, trockne Strandebene, die beste Flugsandgebärerin, übrig blieb, so wanderte dieser Sand die entstandene geneigte Ebene mit Leichtigkeit hinan und begann auch die Plateaufläche selbst zu versanden. So ergiebt sich das folgende ungefähr 1/2 Meile nördlich des Memeler Tief, unweit des neuen Seebades Klempow entnommene Profil.

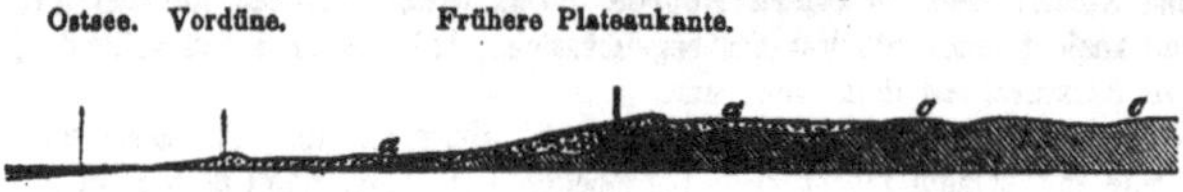

Ostsee. Vordüne. Frühere Plateaukante.

Fig. 2.
Profil der Plateau-Abdachung N. Memel,
bei Mellneraggen.

a. Flugsand. c. Diluvialmergel.

Erst Anfang dieses Jahrhunderts, als die Verheerungen des Flugsandes sich zu fühlbar machten, indem sie schon die Stadt Memel selbst erreichten*), ergriff die Commune ernstiche Massregeln, durch Festlegung und Bepflanzung des so gefährlichen Terrains dem Sande Einhalt zu thun, was auch in der Nähe Memels vollständig, weiter nördlich in der Hauptsache gelungen ist. Aber ein gut 1/4 Meile breiter Streifen des Plateaus ist und bleibt auf diese Weise versandet und erst in 5 bis 10 und selbst 12 Fuss Tiefe kommt man beim Graben auf die alte Oberfläche, den rothen Diluvialmergel, der weiterhin überall zu Tage liegt. Die verschiedene Mächtigkeit dieser Flugsandbedeckung findet ihre Erklärung weniger in der heutigen Oberflächenform, obgleich allerdings auch hier und da entschiedene, meist aber auch nur künstlich angehegerte Dünenzüge, förmliche Wälle, sich finden, als vielmehr dadurch, dass die ehemalige Plateauoberfläche uneben gewesen und der Flugsand die Vertiefungen ausfüllend, eine ziemlich ebene Fläche gebildet hat.

b. Sekundärbildungen im Flugsande der Nehrung.

Der alte Waldboden. — Grüner Sand. — Der Triebsand am Strande. — Triebsand der hohen Dünen. — Eigene Erfahrung von der Gefährlichkeit desselben — Nach der Entstehung dreierlei Arten des Triebsandes. — Verbreitung desselben auf der Nehrung. — Theorie seiner Bildung und erläuternde praktische Versuche.

Ausser dem kahlen, ungemein gleichmässigen nur nach der verschiedenen Korngrösse, grade wie aus dem Wasser abgesetzt, geschichtet erscheinenden Sande, durchzieht denselben vielfach in gewundenen abenteuerlichen Linien eine die einstmalige Oberfläche von Bergen und Thälern bezeichnende 1/2 bis 1 1/2 Fuss mächtige schwärzliche Schicht alten Waldbodens. Es ist derselbe Dünensand nur von Humustheilen der damaligen Vegetation gefärbt und durch dieselben häufig etwas verkittet und verhärtet. Ziemlich gut erhaltene, nur auffallend leicht gewordene Kiefernzapfen des alten Waldes finden sich häufig in und auf dieser Schicht.

*) Wutzke, Pr. Prov.-Bl, Bd. V, 1831, S. 128.

In ihr wurzeln auch die in dem bedeckenden Sande bereits zu Baumröhren verwitterten Stämme von denen jeder Nehrungsreisende und zwar mit Recht als etwas Eigenthümlichem erzählt. Die Rinde der einst versandeten Stämme hat sich stets beinahe unverändert erhalten. Das Holz jedoch ist zu einer Masse verwittert, die noch leichter als Kork ist und bei dem leisesten Druck gradezu in Pulver zerfällt.

Endlich verdienen der Erwähnung noch mehrere Fuss mächtige Lagen (ob durchgehende Schichten ist fraglich) eines grünen, ziemlich fest verkitteten Sandes, der bank- und felsartig, wo der Sand den übrigen Sand weitergeweht, stehen bleibt. Eine nähere Untersuchung desselben, deren chemische Seite Herr Professor Werther zu übernehmen die Güte hatte, ergab bis jetzt so auffallende Resultate (statt des der Färbung nach erwarteten Eisenoxydulgehaltes nämlich einen bedeutenden Humusgehalt), dass dieselbe noch nicht so bald als abgeschlossen wird zu betrachten sein.

Auffallend ist, dass sich ein ähnlicher, in feuchtem Zustande oft besonders intensiv grüner Sand bei Grabungen sowohl in der Nähe von Nidden, als jüngst bei den Befestigungswerken der Nehrungsspitze, Memel gegenüber, mithin, wie es scheint, auf der ganzen Nehrung, in der Tiefe des Seespiegels findet, während die festen Bänke meist in ca. 30 bis 50 Fuss Meereshöhe aus der Düne hervorragen. In der tieferen Lage ist er, weil nicht abgetrocknet, naturgemäss auch noch nicht verkittet, vielmehr grade wasserreich, führt aber, was ebenfalls der Erwähnung bedarf, selbst in wenigen hundert Schritt Entfernung von der See an diesen Punkten durchweg süsse Wasser.

Es dürfte auch hier der Ort sein, noch einiges Nähere mitzutheilen über den bei Nehrungsbeschreibungen das Interesse der Meisten gewöhnlich am lebhaftesten erregenden Triebsand der Nehrung, namentlich die Entstehung desselben.

Die alte Poststrasse nach Memel und auch der gewöhnliche Weg heutiger Nehrungsreisender kommt nur an wenigen Stellen, wo er von der Haff- auf die Seeseite, oder umgekehrt hinüberbiegt in die Nähe derartiger Triebsandstellen. Die Reise ging und geht noch jetzt meist in oder dicht an der Seeschälung. In Folge hoher See hinaufgetriebenes, später beim Abstillen hinter dem mitaufgeworfenen Sande stehen gebliebenes und durch denselben beständig wieder zurücksickerndes Wasser erzeugt allerdings auch hier periodisch Triebsandstellen, wie solches an jedem Strande mehr oder weniger bekannt ist, die Gefahr wirklichen Versinkens ist jedoch in diesem Falle nur bis auf ein 1, selbst 2 Fuss tiefes Einsinken beschränkt. Die daraus folgenden, namentlich für Fuhrwerk nicht zu verkennenden Unannehmlichkeiten sind aber mit der Lebensgefahr im Triebsande der hohen Dünen garnicht in Vergleich zu stellen, deren Entstehungsart vielfach ein spurloses Versinken des hineingerathenen Menschen oder Thieres zulässt.

Dass wirklich so mancher allein reisende Fremde, der sich vielleicht aus Unkenntniss des Weges vom Strande ab in die Berge gewagt hatte, hier früher sein Grab gefunden haben mag, dafür spricht am lebendigsten ein Fund, den mein damaliger Führer, ein durch dreissigjährige Postfahrten in jenem Theile der Nehrung mehr als jeder andre kundiger alter Pastillon vor wenigen Jahren gemacht hatte. In dem ebenen, jetzt völlig trockenen Sande eines auch ohnehin deutlich als frühere Triebsandstelle erkennbaren Punktes nahe den Weissen Bergen, hatte der Wind zufällig das wohlerhaltene Rückgrat eines Pferdeskelettes frei geweht und ebenso zufällig hatten die bleichenden Knochen die Aufmerksamkeit des Alten erregt. Bei näherer Untersuchung fand sich das völlig unversehrte Gerippe in aufrechter Stellung im Sande und vor demselben, genau in der Verlängerung des Thieres, das langgestreckte Skelett eines auf dem Gesichte liegenden Menschen, dessen noch tiefer in den Sand hinuntergestreckte

Arme deutlich die elende Todesart erkennen liessen. Der Reiter war offenbar im Trabe mit dem Pferde in den Triebsand gerathen und über den Kopf hinweg auf die unglücklichste Weise, mit den Händen voran auf die trügerische, keinen Stützpunkt bietende Fläche gefallen.

Wer, wie auch ich anfänglich, trotz der so überzeugend klaren und natürlichen Schilderung des einfachen alten Mannes, meinen sollte, noch allerlei Bedenken an der Richtigkeit der Deutung oder gar Glaubwürdigkeit der Thatsache selbst hegen zu müssen, dem wird die Erzählung eines eigenerlebten Reiseabenteuers, das ich bereits ausführlich in meiner „Reise über die kurische Nehrung im Sommer 1866“ *) beschrieben habe, nicht unerwünscht sein. Ich kam damals, es war im Juni 1866, in Gesellschaft des Oberfischmeisters Döpner von Schwarzorth. Unser Kutscher, ein in Nidden ansässiger Fischerwirth, Friese mit Namen, meinte von Perwelk bis Preil auf der Haffseite fahren zu können und so lenkten wir, eine schwache Einsenkung benutzend, oberhalb Perwelk über den Dünenkamm hinüber, was für ein anderes als das zu den Fahrten im Sande der Nehrung bestimmte Fuhrwerk fast eine Unmöglichkeit gewesen wäre. Die drei kräftigen Pferde hatten noch gewaltig zu thun, obgleich der Wagen, an dem kein Eisen verwandt worden und der desshalb auffallend plump aussah, völlig unbeschlagene fünf Zoll breite Räder besass.

Schon mehrfach hatte unser Kutscher, den ich dazu aufgefordert hatte, mich auf Triebsandstellen aufmerksam gemacht, aber meine Vermuthung, dass die gesammten Erzählungen von der Gefährlichkeit dieses Sandes mehr oder weniger Fabel seien, schien sich nur bestätigen zu wollen. Zweimal war ich schon abgestiegen und hatte die bezeichneten Stellen nach allen Richtungen hin untersucht, aber jedesmal unter der 6 bis 7 Zoll starken festen und trockenenen Sanddecke zwar einen wasserhaltenden, ganz losen Sand gefunden, jedoch schon nach wenigen Zoll, an den schlimmsten Stellen nach einem Fuss Tiefe mit dem Stocke schon wieder den festen Boden erreicht, so dass ich mir die Unannehmlichkeiten zwar vorstellen konnte, die es machen musste, wenn Pferde ein oder mehrere Male die feste Decke durchtraten und auf diese Weise etwas einsanken, aber das spurlose Verschwinden im Triebsande glaubte ich mit Recht als Ausschmückung des Volksmundes betrachten zu können.

Friese schüttelte zwar jedesmal mit dem Kopf, schien aber trotz seiner Reden doch selbst keine allzugefährliche Meinung von diesem Schreckbilde der Nehrung zu haben, denn als es sich darum handelte, einer grösseren Triebsandstelle halber einen Umweg von einer Viertelstunde zu machen, meinte er, es würde schon gehen, die getrocknete Decke sei im Sommer in der Regel so dick, dass es keine solche Gefahr mit dem Durchbrechen habe. Es wurde also abgestiegen und das Terrain zuvor etwas sondirt.

Der Eindruck der uns umgebenden Einöde war überwältigend. — Rechts stieg die steile Sturzdüne des Carwaitenschen Berges bis zu bald 200 Fuss empor; links dehnte sich die weite Fläche des Haffes und inmitten, auf einem von den Dünenbergen zum Haffufer hin verlaufenden Hügelrücken, der alle weitere Fernsicht benahm, ragten aus dem nackten Sande ohne eine Spur von Umzäunung, von Grabhügel oder dergleichen, zahlreiche schmucklose Kreuze hervor, theils versandet bis zur Höhe des Querholzes, theils mit dem winzigen Oberende weit über mannshoch freigeweht und nach allen Richtungen überhängend. Ja an der dem Winde am ehesten ausgesetzten Seite schaute, wie um das Bild der Zerstörung vollkommen zu machen, die dunkle Hälfte eines Sarges über dem Abhange hervor.

---

*) Altpreuss. Monatsschrift. Bd. IV. 1867.

Zwischen diesem Kirchhofshügel und der Sturzdüne aber zog sich eine kleine, völlig ebenen schwarzgefleckten Boden zeigende Triebsandebene hin, die wir unten am Haffufer umfahren mussten, wenn der Uebergang nicht gelang.

Endlich glaubte unser Fuhrmann, die rechte Stelle gefunden zu haben, und wir bestiegen den Wagen wieder. Kaum aber waren wir einige Schritte auf dem ebenen und trockenen Boden gefahren, da begannen die Pferde einzubrechen. Die Peitsche schwirrte und — in der nächsten Minute war die gefährliche Stelle auch schon passirt. Ich hatte mich im selben Augenblick über den Rand des Wagens hinübergebogen und sah nun, was ich nimmer für denkbar gehalten, wie der Boden ohne zu bersten, sich gut 12 bis 14 Zoll hoch zwischen und vor den breiten Rädern aufbog, so dass bei dem schnellen Fahren, in Folge dessen die Aufbiegung sogleich wieder unter dem folgenden Rade verschwand und dahinter gleichsam wieder auftauchte, der Boden sich in einer gut fusshohen Wellenbewegung befand.

Aber so leicht sollten wir noch nicht davonkommen. Wieder brachen die Pferde ein, wieder schwirrte die Peitsche und that ihr Möglichstes, während schon nasser Sand umherspritzte, aber im selben Augenblicke lagen auch schon die Pferde bis zur Brust im Triebsande.

Zum Glück trug die Decke des Sandes die Last eines Menschen sehr gut, so dass wir uns mit Sicherheit bewegen konnten, auch den Wagen, der nur erst mit seinen Vorderrädern den Boden, ohne durchzubrechen, um etwa sechs Zoll eingedrückt hatte, noch schnell zurückziehen konnten. Ich will hier nicht die Beschreibung all der Anstrengungen wiederholen, die wir machten, um die Thiere herauszuziehen. Unsern vereinten Kräften gelang es wenigstens das eine, das Handpferd, an Kopf und Schwanz ziehend, in so weit herauszuzerren, dass es auf der Seite liegend, seine eigene Kraft wieder in etwas zur Geltung zu bringen vermochte, die Füsse sich losarbeitete und einige Schritt fortgeschleift werden konnte, wo wir hoffen durften, dass es, aufspringend, nicht abermals einbrach. Gleich bei diesen ersten Versuchen hatte sich der Sand aber um den Körper herum derartig gesetzt, dass die beiden andern Thiere wie eingemauert standen. Bis zur Brust waren sie gleich im ersten Augenblicke eingebrochen; jetzt, wo die breite Fläche des Bauches das Gewicht vertheilte, sanken sie langsam, aber doch merklich, und wenn keine andre Hülfe kam, mussten wir beide verloren geben.

Zu unserm Glück war es nur eine Achtelmeile bis Preil, aber beinah eine halbe Stunde verging, ehe Leute von dort eintreffen konnten. Die Pferde lagen jetzt völlig frei, oder standen vielmehr — ein eigenthümlicher Anblick — bis zur Mitte der Brust in einer ebenen trockenen Sandfläche, die nur dicht um den Körper der Thiere eingedrückt und feucht, ja zum Theil mit Wasser bestanden war. Ganz allmälich waren sie während der halben Stunde bereits soweit versunken, dass nur noch ein paar Zoll fehlten, bevor der Sand über dem Rücken zusammenfloss. Der Erfolg der Arbeit, die jetzt mit Spaten, Seilen und Händen begann, war anfänglich in der That noch fraglich, da die Thiere wie eingewurzelt und angesogen standen, der Sand beständig von Neuem zufloss und die Gefahr immer nahe lag, den Thieren, wenn sie zu früh auf die Seite zu liegen kamen, die Beine zu brechen.

Nach unsäglicher Mühe und stundenlanger Arbeit gelang es jedoch. Dank den braven Fischersleuten waren endlich beide Pferde gerettet. Auf der ebenen Sandfläche sah man nur noch ein mit Wasser gefülltes Loch und nach wenigen Minuten lag das Triebsandthal wieder so verödet und verlassen da, wie früher, während sich der ganze ob der gelungenen Arbeit fröhliche Zug, voran der Wagen mit den bis zu einer Horizontale auf dem Rücken von nassem Sande bedeckten Pferden wieder bespannt, die steile Höhe des Dünenkammes dicht neben dem Carwaitenschen Berge hinaufwand.

Ich will versuchen, nun meine Ansicht über diese sowohl interessante, als zum Theil bisher räthselhafte Erscheinung der Nehrung darzulegen, wie ich solches bereits vor einem Jahre in einer der Sitzungen der physikalisch-ökonomischen Gesellschaft besprochen und durch praktische Versuche zu erläutern versucht habe.

Triebsand im Allgemeinen ist die Mengung von Wasser und Sand, in welcher die einzelnen Sandkörnchen derartig verschiebbar zu einander sind, dass die Berührung, resp. die Reibung derselben untereinander durch dazwischen getretenes Wasser ganz oder fast ganz aufgehoben ist, so dass sie unter dem Drucke irgend eines schweren Körpers verhältnissmässig leicht ausweichen und hernach wieder zusammenfliessen. Ihre Erklärung dürfte diese Erscheinung, die mit dem Gesetz der Schwere in einem gewissen Widerspruche zu stehen scheint, darin finden, dass die Adhäsion, vermittelst deren Wasser an der ganzen Oberfläche des Sandkörnchens haften bleibt, nahezu gleich ist der Attraction der Erde, durch welche jedes Körnchen zu fallen, also die Wasserschicht bei Seite zu drängen veranlasst wird. Ein kurzer kräftiger Stoss, durch welchen die Attraction der Erde momentan unterstützt wird, reicht meist hin, um den gewissermassen in der Schwebe gehaltenen Sand sich setzen und das Wasser darüber treten zu lassen.

In der Natur bildet sich nun Triebsand auf mancherlei Weise. Mit Zugrundelegung der für seine Entstehung von Oberbaudirektor Hagen in seiner Wasserbaukunde gegebenen Gesichtspunkte würde sich folgende Dreitheilung ergeben.

Die erste Art des Triebsandes bildet sich, wenn im Sande mittelst hydrostatischen Druckes Wasser aufsteigt. Schon ein geringer langsam aufsteigender Strom genügt, um den Sand dauernd in der Schwebe zu erhalten und selbst zeitweise Unterbrechungen pflegen keinen störenden Einfluss zu üben, wie der später angeführte praktische Versuch beweist.

Hierzu rechnen die durch ihre Tiefe gefährlichsten und grössten Triebsandstellen, wie sie sich am Fusse der hohen Dünenberge der kurischen Nehrung oder auch im Innern des Landes zuweilen an besonders günstig gelegenen Sprindstellen (Quellen) im Sande finden. Die Tiefe und somit Gefährlichkeit derselben hängt bei genügender Mächtigkeit des Sandes überhaupt eben nur ab von der Tiefe, aus welcher die Wasser aufsteigen. Hierbei rechnet ferner der künstlich, wenn auch nichts weniger als mit Absicht erzeugte Triebsand, der sich häufig nachträglich in Baugruben zeigt und wie Hagen in seiner Wasserbaukunde ausführt, auch aus dem festesten Sande jedesmal entsteht, sobald man durch Senkung des Grundwassers mittelst Auspumpens die Quellen gewaltsam in der Richtung von unten nach oben hindurchtreibt.

Auf eine zweite Art erzeugt sich Triebsand, wenn lockerer Sand in horizontaler Richtung vom Wasser durchströmt wird.

Der nahe der Spülung der See häufig zeitweise zu bemerkende, schon Seite 149 erklärte Triebsand gehört hierher und ebenso Triebsandstellen, wie die den Badegästen des Samländer Nordstrandes bekannteste Stelle, unweit der Mündung des Garbseider Baches bei Eisseln, halbwegs zwischen Neukuhren und Cranz, wo der Bach mühsam durch den ihm beständig von der See her, vorgewehten lockeren Sand hindurchsickern muss.

Drittens endlich entsteht Triebsand durch langsames Hinabgleiten oder allmäliges Hineinwehen von Sand in stehendes oder doch stilles Wasser. Ersteres, wenn die bis zu 35½ Grad betragende Dossirung des trockenen Sandes unter Wasser gekommen, sich in eine flachere, hier bis höchstens 29 Grad zeigende ändert.

Es sind dies die beim Baden oft hinderlichen Stellen. Auf der Nehrung rechnen hierhin zeitweise beobachtbare Stellen des Haffufers, wo der Sand von der Sturzdüne direkt in's Haff fliesst. Beständig kann als eine solche Stelle bezeichnet werden das Ufer eines kleinen Teiches unweit Rossitten, wo der schwarze Berg denselben erreicht und sogar bereits halb zugeschüttet hat, das stille Wasser desselben aber die Bildung derartigen Triebsandes nicht stört.

Sämmtliche drei Hauptarten des Triebsandes sind somit auf der kurischen Nehrung vertreten. Die zweite derselben, der zeitweise Triebsand am Seestrande ist, wie schon erwähnt, die wenigst gefährlichste. Diese sowohl, wie die dritte Art finden ihre Erklärung in jedem bestimmten Falle von dem für sie geltend gemachten Gesichtspunkte mit Leichtigkeit. Nicht so die erste, bei weitem gefährlichste Art des Triebsandes auf der Nehrung, auf die ich mich desshalb genöthigt sehe, noch näher einzugehen.

Diese auch der Zahl und Ausdehnung nach bei weitem bedeutendsten, mehr oder weniger beständigen Triebsandstellen finden sich, wie auch die geologische Karte Sekt. 2 und 3 ergiebt, mit auffallender Regelmässigkeit unmittelbar am westlichen Fusse der hohen Dünenberge. Genau an der Stelle, wo die Neigung der letzteren beginnt, begrenzt sie das völlig ebene, nur einige Fuss oder wenige Ruthen breite, bereits S. 146 geschilderte Triebsandterrain. Da die ganzen Dünenberge, wie in einem späteren Abschnitte ausführlich besprochen wird, unter Einfluss des Windes langsam aber beständig nach Osten weiter rücken, so sind die in Rede stehenden Stellen also genau als diejenigen zu bezeichnen, auf denen die Düne zuletzt gestanden, welche erst unlängst von ihr freigeweht sind. Von dieser längs der ganzen Nehrung zu beobachtenden Regel scheint nur eine und zwar grade wohl die grösste und gefährlichste, eine Ausnahme zu machen. Es ist das ungefähr über eine halbe Meile hin auf der Haffseite des hohen Dünenkamms sich erstreckende, sehr gefürchtete Triebsandterrain nördlich Nidden. Dennoch zeigt sich bei genauerer Betrachtung auch hier die Regel, dass der Triebsand sich vornehmlich hinter der Düne, an der soeben von ihr verlassenen Stelle zeigt, bewahrheitet; denn der eigentliche Triebsand liegt auch hier hinter und zwischen etwas niedrigeren Höhen, die zum Theil parallel mit dem Hauptkamme verlaufend oder in mehr oder weniger vereinzelten Kuppen die Reste einer schon zum grossen Theil in's Haff gewanderten Dünenkette sind, deren Sandmassen die Nehrung hier bis zu einer halben Meile Breite erweitert haben.

Als Gesichtspunkt für Erklärung dieser Art des Triebsandes wurde vorhin das Aufsteigen von Wasser im Sande unter hydrostatischem Drucke bezeichnet. Unabhängig von den erst später kennen gelernten treffenden Ausführungen Ober-Bau-Direktor Hagen's in seiner Wasserbaukunde, war ich durch die Beobachtungen an Ort und Stelle bereits zur Ableitung folgenden, das Gleiche beweisenden praktischen Versuches gelangt, dessen Wiederholung auch in der genannten Sitzung der physikalisch-ökonomischen Gesellschaft gelang. Die Beschreibung desselben als eines grade auf den Triebsand der Nehrung bezüglichen Versuches scheint mir nicht ohne Nutzen für das genauere Verständniss der zu besprechenden Entstehungsart und möge daher hier folgen.

Um Triebsand künstlich darzustellen, wurde eine flache Zinkwanne, über deren Boden ein Zinkrohr mit einer Reihe seitlicher feiner Oeffnungen horizontal fortlief und von der andern Seite mit einem senkrechten Rohre, wie beistehend, in Verbindung stand, mit nicht zu feinem, etwas feuchtem Sande möglichst locker und gleichmässig bis zum Rande gefüllt. Durch einen trichterartigen Aufsatz des Vertikalrohres wurde nun ein Wasserstrom eingeführt und derselbe so geregelt, dass der Wasserspiegel in dem Trichter möglichst in gleichem Niveau erhalten wurde. Durch das so in dem Sande langsam, aber beständig aufsteigende Wasser sank der lockere Sand zwar ein wenig zusammen, wurde jedoch durchweg noch derartig in der Schwebe gehalten, dass ein spitzer, auf die Oberfläche gestellter Gegenstand, wie beispielsweise eine Stricknadel, augenblicklich, wie durch eine Flüssigkeit bis zum Boden niederfiel. Mit einer massiven Bleifigur konnte sogar das plötzliche Versinken der Beine und dann allmälige des ganzen Körpers vollständig zur Anschauung gebracht werden. In dem Gefäss hatte sich somit wirklicher Triebsand gebildet. Es muss noch bemerkt werden, dass zum Gelingen des Versuches nothwendig eine Vorrichtung zu treffen ist, welche verhindert, dass Wasser über die Oberfläche des Sandes hinauftreten und darüber stehen bleiben kann. Es ist solches leicht, entweder durch seitlich, nahe unter dem Rande des Gefässes resp.

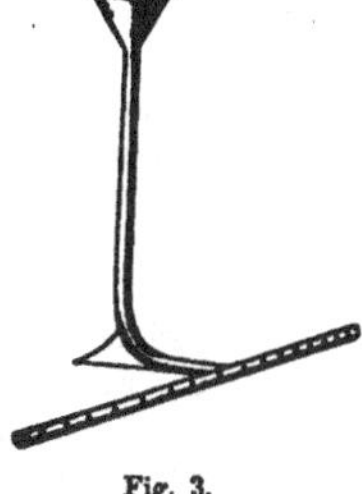

Fig. 3.

unter der Oberfläche des Sandes angebrachte Abflussöffnungen, oder durch diese ersetzende, von der Sandoberfläche über den Rand hängende, also heberartig wirkende Streifen von Löschpapier zu bewirken möglich.

Werden die Versuche mit dem Einsinken schwerer Körper öfter wiederholt, oder die ganze Vorrichtung durch einen kurzen Stoss stark erschüttert, so setzt sich der Sand und das Wasser tritt darüber, wie schon oben bei der allgemeinen Beschreibung zu erklären versucht wurde. Dieselbe Erscheinung zeigen Triebsandstellen in der Natur und man pflegt daher, wenn sie nicht zu tief und umfangreich sind, solche betreffenden Falls durch wiederholtes Hineinstossen mit Stangen, passirbar zu machen. Andernfalls hält sich auch der künstliche Triebsand in der ihm eignen Schwebe unverändert, auch wenn nach einiger Zeit der Wasserzufluss nachlässt oder aufhört.

Wo bei dem Triebsande der Nehrung der hydrostatische Druck herzuleiten, scheint bei Betrachtung des Profils, Fig. 1, Seite 147, nicht so leicht einzusehen, da die Stellen durchweg 20 und 30 Fuss über dem Meeres-Niveau liegen und eine als undurchlassend bekannte Schicht der Regel nach erst unter diesem Wasserspiegel in der Nehrung lagert. Sand ist nun einmal an sich, besonders in trocknem Zustande, als ein am wenigsten komprimirbares Material und Schichten desselben daher auch als am besten Wasser undurchlassend bekannt. Die Beobachtungen an Ort und Stelle brachten mich aber immer von Neuem darauf, dass solches nicht bedingungslos anzunehmen sei und folgender Versuch gab mir hierfür endlich den Beweis in die Hände.

Ein 14 Zoll hoher, beiderseitig offener Cylinder wurde, einstweilen unten geschlossen, ganz allmälig mit feuchtem, durchaus reinem Sande, bis 1 Zoll unter dem Rande gefüllt und zwar in der Weise, dass nach 1 bis $1^1/_2$ Zoll Einschüttung jedesmal durch Befeuchten von oben, kurzes starkes Aufstampfen, wobei sich der Sand stets am festesten setzt, und erst dann noch durch Druck auf die Oberfläche eine möglichste Comprimirung desselben hervorzubringen versucht wurde. Nachdem der so festgestampfte Cylinder mit seinem unteren wieder geöffneten Ende in den Sand einer im Uebrigen mit Wasser gefüllten Schüssel gestellt war, wurde vorsichtig stark $^1/_2$ Zoll hoch Wasser auf den Sand im Cylinder gegossen. Es dauerte $1^1/_4$ Stunde, ehe das geringe Wasserquantum durch die 13 Zoll festen mit Wasser gesättigten Sandes hindurch- resp. eingesickert war. So auffallend dieses Resultat anscheinend ist, so ist es doch nur eine Bestätigung der Adhäsions- und darauf gründenden Capillar-Erscheinungen, auf welche auch das Schwerdurchlassen aller sogenannten undurchlassenden Schichten zurückzuführen ist, die eben desshalb auch gleichzeitig wasserhaltende (d. h. in sich festhaltende) sind. Ein weiteres Eingehen auf die Erklärung des hierbei stattfindenden physikalischen Vorganges würde hier zu weit führen. Für den vorliegenden Fall genügt eben das Ergebniss, dass Sand im feuchten Zustande soweit comprimirbar ist, dass er eine schwer durchlassende Schicht bildet.

Einen gewaltigen Druck übt auf die unterlagernden Sande unstreitig der 100—200 Fuss hohe Dünenkamm aus. Auch der Sand unter den Triebsandstellen befindet sich noch in möglichst fest gepresstem Zustande, denn die hohe Düne ist auch über ihn einst fortgewandert. Beides entsprechend berücksichtigt erklärt in dem in Rede stehenden Falle die Möglichkeit eines hydrostatischen Druckes, der eben nothwendig eine sogenannte undurchlassende, besser mehr oder weniger schwer durchlassende Schicht, oder diese Ersetzendes voraussetzt.

Die nicht unbedeutende Menge atmosphärischer Niederschläge, welche den breiten und hohen Dünenkamm treffen, sowohl die einsickernden, wie die abfliessenden ziehen sich vornehmlich dem Fusse desselben zu. Von den letzteren ist solches selbstverständlich; bei ersteren ergiebt es sich eben aus der Betrachtung, dass der nicht zu unterschätzende Druck der Sandberge die tieferen Lagen verhältnissmässig auch schwerer durchlassend macht. Da derselbe zwar nicht grade proportional, aber doch im Allgemeinen mit der Tiefe unter der

Oberfläche wächst, so gehen also auch die Grenzen der leichteren Durchdringbarkeit, ähnlich der Oberfläche nach beiden Seiten des Dünnenkammes geneigt uud lassen auch die einsickernden Wasser sich immer mehr dem Fusse des Berges zuziehen.

Dann leuchtet aber in dem vorliegenden Falle, wo bei dem Dünenkamme nur eine westliche und eine östliche Abdachung vorhanden und erstere bei der stets dem Ostrande ganz nahen Kammhöhe, also Wasserscheide, bei Weitem die meisten atmosphärischen Niederschläge auffängt, auch ein, dass bei Weitem die meisten Wasser dem Westfusse sich zuziehen. Hierin wird der Grund zu suchen sein, dass die Triebsandstellen vorherrschend diesem Dünenfusse angehören.

Die weitere Erklärung ergiebt sich nun von selbst. Die aus den Dünenbergen in der Tiefe diesem Fusse zusickernden Wasser finden durch die festgepressten, gleichzeitig mit Wasser gesättigten Schichten ihren Durchgang so langsam, dass sie sich, zum wenigsten zeitweise, anstauen, also auch nach oben einen gewissen Druck auszuüben, diese Sande zu lockern und in der Schwebe zu halten vermögen und so Triebsand an diesen Stellen bilden.

Beständig von dem Kupsenterrain auf und über diese Stellen hinwehende Sande saugen aber das etwa sogar bis über die Oberfläche steigende oder sich von oben hier sammelnde Wasser stets sogleich auf. Sie verhindern also, dass durch die überstehenden Wasser, wie es auch die künstliche Darstellung von Triebsand zeigte, der Prozess gestört werde und bilden zu trockenen Jahreszeiten eine mehr oder weniger trockene Decke über den trügerischen Stellen.

Bei dieser Entstehungsart leuchtet es ein, dass diese Triebsandstellen grösser und gefährlicher sind nach einige Zeit anhaltendem Regenwetter. Ebenso erklärlich wird daraus ihr stetes Weiterrücken genau mit dem Fusse der Berge. Nicht minder findet endlich hierdurch die grosse Feuchtigkeit der tiefer gelegenen, aber noch immer doch an 5 bis 10 Fuss den Meeresspiegel überragenden Ebene und der tieferen Stellen zwischen den sogenannten Kupsen ihre Erklärung.

c. Dünenbildungen im Lande.

Verbreitung an den Rändern des Memel-Delta. — Eigenthümlicher Baumwuchs im Flugsande. — Bestimmende Windrichtung und Richtung der Dünenzüge zu derselben.

Es schliessen sich den grossartigen Dünenbildungen der Nehrung und der Seeküste überhaupt nun noch einige kleine Flugsandterrains mehr im Innern des Landes an.

Da für die Bildung von Sandwehen und Dünen nur Bedingung ist, eine weite ebene Fläche, auf welcher der Wind seine Kraft entwickeln kann und das gleichzeitige Anstehen von Sand, so würde, wenn der Pflanzen-, namentlich Baumwuchs, nicht meist eine schützende Decke darüber breitete, ein grosser Theil unsrer Provinz und namentlich auch der Umgebung des kurischen Haffes von ödem kahlen Flugsande starren. Denn die weite Fläche des Haffes und der daranstossenden Moor- und sonstigen Niederungsebene gestattet hier noch immer eine beträchtliche Kraftentwicklung des Windes auf die ebenfalls nur sanft wellige Plateaufläche des nächstliegenden Binnenlandes. Die meilenweite, wenn auch unterbrochene Erstreckung von älterem Haidesand auf der Oberfläche des Memeler Plateaus, könnte aber mehr wie hinreichendes Material liefern. So jedoch beschränken sich die Flugsandterrains dieser Gegend nur auf Stellen, wo, meist erst durch künstliche Entholzung, der Haidesand blosgelegt und längere Zeit der Einwirkung des Windes ausgesetzt geblieben.

Solche Stellen kahlen oder zuweilen auch schon mit Mühe und Kosten wieder bepflanzten Flugsandes, meist mit einer oder mehreren Reihen kleiner Dünenwälle, umgeben, wie aus der geologischen Karte zu ersehen, die Deltaebene des Memelstromes in einem vielfach unterbrochenen Kranze unweit des Randes, namentlich auf dem nördlichen, dem Memel-Plateau bei Heidekrug und von hier aus in südlicher, dann südöstlicher Richtung nach Tilsit zu. Auf der Südseite rechnet namentlich hierher die Gegend der Laukandter Wüstenei, der Tilsiter und Schilleningker Forst.

Es kommen unter den genannten Stellen Flugsandanhäufungen doch bis zu circa 40 Fuss Höhe vor. An einer Stelle der russischen Grenze, bei Paszeliszken, nördlich des Tenneflusses und auf einer von dem derzeitigen Besitzer, Herrn Hahn, mit vielen Kosten festgelegten kleinen Dünenkette südlich Lappienen a. d. Tenne, geht man zwischen den Kronen ansehnlicher Kiefern einher, deren Stämme bis in diese oder wenige Fuss unter denselben verweht sind. Eigenthümlich ist das Wachsthum dieser Bäume. Ungefähr 10 bis 15 Fuss hoch versandete Kiefern, deren eine Partie an letztgenannter Stelle ausgegraben und gefällt waren, zeigten nahezu in dieser Höhe den grössten Umfang ihrer Stämme. Entgegengesetzt ihrem sonstigen Wachsthum verjüngten sie sich nach dem Wurzelende zu und zwar in so auffallender Weise, dass von zwei jetzt auf der Sammlung der physikalisch-ökonomischen Gesellschaft befindlichen und nur $2^1/_2$ Fuss von einander genommenen Stammquerschnitten der untere, dem Wurzelende nähere, schon um $1^1/_2$ Zoll geringeren Durchmesser zeigt. Dem entsprechend sind die letzten 30 Jahresringe bei diesem schon auf den Raum von kaum 9 Millim. zusammengedrängt, während sie bei dem oberen, auf der einen Seite 16 Millim., auf der andern, wahrscheinlich dem Winde und also dem Sandwehen abgekehrten, sogar 34 Millim. einnehmen. Dagegen kommen auf die ersten 21 Jahresringe bei dem unteren, dem schwächeren Querschnitt 58 Millim., bei dem oberen stärkeren 52 Millim. Eine merkliche Versandung hatte also während der ersten 21 Jahre noch nicht stattgefunden. Wo Bäume mit versandet, hätte man somit in der Vergleichung der Jahresringe unter einander, wie namentlich in den verschiedenen Stammhöhen ein ziemlich sicheres Mittel zur Berechnung nicht nur der Zeitdauer im Ganzen, sondern der jährlichen Versandungshöhe.

Die Richtung der kleinen Dünenkämme ist meist parallel zum Rande der Niederung; also südlich Tilsits, das die Ostspitze des Dreiecks bezeichnet in SW.—NO.-Richtung, nördlich dieser Stadt und des Memel-, resp. Russstromes in NW.—SO. und in der Gegend von Heidekrug annähernd in SN.-Richtung. Es ist dies übereinstimmend mit den allgemein zu machenden Beobachtungen ein Beweis, *dass keine Windrichtung ausschliesslich, sondern nur die über weite Ebenen hinstreichenden Winde stark genug sind, um bestimmend einzuwirken* und ferner, *dass die Kammrichtung der Düne der Hauptsache nach, stets rechtwinklich zu der bestimmenden Windesrichtung sich ausbiidet.*

Süsswasserbildungen.

a. *Haffsand, Haffschlamm und Haffmergel.* — Vertheilung derselben. — Bernstein und Sprockholz bei Schwarzorth. — Meeresconchylien im nördl. Theile. — Ostracodenschalen namentlich im Mergel. — Aufgepresster Haffboden (Abbildung). — Pflanzliche Reste.

b. *Sand und Schlick der Flüsse.* — Verbreitung des Sandes. — Wechsellagerung beider. — Inselbildung im Haff. — Erhöhung der Flussufer. — Verbreitung des Schlicks im Delta. — Verbreitung beider ausserhalb des Delta.

c. *Moorerde und Humuserde.* — Verbreitung beider.

d. *Torf.* — Verbreitung desselben. — *Moostorf resp. Moosbrüche.* — Profil durch ein solches. — Verbreitung im Memeldelta. — Desgl. auf dem Plateau.

e. *Wiesenmergel.* — Zusammensetzung. — Entstehungsweise. — Lagerung und Verbreitung.

f. *Raseneisenstein.* — Erzeugung desselben. — Vorkommen. — Verbreitung.

Schon entschieden zu den Süsswasserbildungen gehörend, jedoch, streng genommen, noch auf ihrer Grenze zu den Salzwasserablagerungen stehend und somit als Brackwasserbildungen anzusehen, sind hier in erster Reihe zu nennen der

Haffsand, Haffschlamm und Haffmergel.

Den Boden des kurischen Haffes bedecken der Hauptsache nach Sande. Nur in dem südlichen, etwa durch eine von Rossitten in fast genau östlicher Richtung gezogene Linie nach Jnse abzuzweigenden Theile tritt daneben und sogar vorwiegend Thonschlamm auf. Diese Vertheilung beider steht in vollem Einklange mit dem bekannten Gesetz, dass die leicht in der Schwebe bleibenden Thontheilchen weiter geführt werden und erst an tieferen Stellen zum Absatz gelangen. Der durch die Linie begrenzte südliche Theil des Haffes ist entschieden der tiefste desselben und lässt ausser der Windbewegung am allerwenigsten eine Strömung des Wassers bemerken. Wo sich an ganz vereinzelten Punkten auch im nördlichen Theile des Haffes noch mitunter Thonschlamm findet, sind es auch hier jedesmal verhältnissmässig tiefste und ausser jeglicher Stromeinwirkung liegende Stellen.

An einigen dieser tiefsten Stellen, wo solche im Bereiche einer gewissen Strömung liegen, wie in einiger Entfernung vor dem Ausflusse des die meisten Wassermassen führenden Russ- (Atmat) Stromes und an mehreren, dem südlichen Haffufer benachbarten derartigen Punkten liegt der die ganze Unterlage des Haffes bildende, durch seine grossen und kleinen Steine leicht kenntlich werdende feste Diluvialboden auch völlig frei oder doch fast ohne bemerkenswerthe Bedeckung alluvialer Schichten.

Der Haffsand zeigt sich an den verschiedenen Stellen bald von gröberem, bald von feinerem Korne. Die feinsten Sande, wie sie sich auch besonders in dem nördlichen Theile des Haffes finden, verrathen eben durch ihr feines Korn und ihre Lagerung zu Seiten der ausströmenden Flusswasser ihre Abstammung aus den vielfach weiter aufwärts von dem Memelstrom durchschnittenen, besonders feinsandigen Diluvialschichten. Auch fast die ganze unter der Benennung Korning'sche Haken bekannte Sandbank bei Schwarzorth wird von ihnen zusammengesetzt. Hier sind sie vielfach bis in 16 Fuss Gesammttiefe mehr oder weniger reichlich gemengt mit eingespültem Bernstein und Sprockholz, dessen bedeutende Menge eine eigenthümliche, grossartige Gewinnung dieses ostpreussischen Goldes durch Baggerei veranlasst hat. Von der Bildung dieses Bernsteinlagers wird des Weiteren in dem zweiten Theile dieser Abhandlung die Rede sein. Bis jetzt hat man (seit nun bereits 6 Jahren) auf der genannten Stelle des Haffes noch immer reichliche Mengen des Bernsteins gefunden und daher ernstliche Versuche noch nicht viel weiter ausgedehnt. Ist aber die weiter unten gefolgerte Bildung dieses Lagers richtig, so werden die gleicherweise von Süd nach Nord sich erstreckenden Bodenerhöhungen im Haff, nördlich bis beinah zum Bärenkopf hin, ebenfalls Bernstein führen und derselbe sich auch noch an so manchen anderen Stellen des Haffbodens finden. Jedenfalls aber ist eine völlige Vereinzelung solcher Einlagerung bei der grossen Ausdehnung der alluvialen Schichten, denen sie angehört, nicht gut denkbar.

Ein bestimmter Typus ist in den Haffsanden in der Regel nicht ausgesprochen, da sie wie die sonstigen Alluvialsande, nur durch Umlagerung aus den Diluvialsanden oder durch Hineinwehen der gleichfalls aus solchen entstandenen Flugsande der Nehrung entstanden sind. Eigenthümlich ist ihnen aber, namentlich an Punkten, welche der jetzigen Ausflussöffnung in die See nahe liegen, die dann und wann vorkommende Einmengung von Schaalresten aus der See, wie Cardium oder Tellina, welche eben auch ihre Grenzstellung zu den Salzwasserbildungen begründet und durch den, namentlich bei Stauwinden auch an der Oberfläche sichtbaren eingehenden Strom aus der See ihre Erklärung findet. Durch Mengung mit Schaalen im Haffe lebender Süsswasserschnecken, namentlich Valvaten, geht der Haffsand vielfach über in einen völligen Mergelsand (Haffmergel), der, wo er rein ausgebildet ist, ein fast gleiches Gemenge von Sand und kleinen Ostracodenschaalen ausmacht. Das Gebilde erinnert durch die Menge dieser, noch lange nicht Stecknadelknopfgrösse erreichenden, zweiklappigen Schaalen kleiner Krebse unwillkürlich an jene entsprechenden Bildungen älterer Formationen vom Steinkohlengebirge an aufwärts bis in die Braunkohlenformation (Böhmen) hinein, unter welchen die Cypridinenschiefer der Wälderthonformation jedoch bei Weitem am meisten bekannt geworden sind. Dieses mit dem Namen Haffmergel in der geologischen Karte bezeichnete Gebilde ist am besten zu beobachten, wo es in mehrere Fuss starke, zuweilen durch Schneckenschaalen oder pflanzliche Reste getrennte Bänke geschichtet, am Haffufer der Nehrung trocken liegt. Durch den kolossalen Druck der steil vom Haffe aus sich erhebenden hohen Dünenberge sind die Schichten des Haffbodens nämlich hier an mehreren Stellen der 7 Meilen langen Strecke von Rossitten bis Schwarzorth 5, 10 bis selbst 12 Fuss emporgepresst. Das Bildchen auf Taf. V. veranschaulicht eine dieser Stellen in ähnlicher Weise, namentlich in der nirgends so malerisch als bei der Düne wirkenden Beleuchtung eines zerrissenen Wolkenhimmels, wie sie von einer seither im Besitze des verstorbenen Prof. Schumann befindlichen Kreidezeichnung des Maler Penner aufgefasst worden ist. An mehreren Stellen sowohl des Vorder- wie des Mittelgrundes zeigt sich der aufgepresste, bereits bewachsene Haffboden, der an erstgenannter Stelle noch durch dahinter stehen gebliebenes Haffwasser vom Fusse der Düne getrennt wird. Die Schichten desselben erscheinen an der zum Haffe hin ziemlich steil abgebrochenen Seite völlig horizontal, senken sich aber ihrer Aufpressung entsprechend in der von der Oberfläche angedeuteten Weise nach dem Fusse der Sturzdüne zu ein. Ihr Einfallen in dieser Richtung beträgt mehrere Grade.

Pflanzliche Reste kommen ausser den bei dem Schwarzorther Bernsteinlager bereits erwähnten Einmengungen von Sprockholz mehrfach, sowohl im Sande, wie im Mergel des Haffes vor. Sie entstammen zum Theil jenen als grüner Schlamm noch alljährlich in Menge am Haffufer angespülten feinen Algen, zum Theil auch ausgespülten Rohr- und Binsenresten und dergl., bilden aber nirgends, mit Ausnahme kleiner Stellen am Ufer, wie bei Neufitt in der Süd-West-Ecke und bei Kl. Inse, in einer unbedeutenden Bucht besondere Ablagerungen und genügt daher ein einfacher Hinweis ihres Vorkommens.

Von den übrigen reinen Süsswasserbildungen sind in der vorliegenden Gegend an Masse und Ausdehnung wohl am bedeutendsten die

Schlick- und Sandablagerungen der Flüsse.

Diese noch heutigen Tages bei jeder Frühjahrsüberstauung auf den überflutheten Ländereien sich absetzenden Sinkstoffe bilden die Hauptmasse des grossen weiten Deltas der Memel und sind auch in den engeren Flussthälern, wie längs des Dange- und Mingeflusses und andererseits längs der Deime reichlich vertreten. Im Grossen und Ganzen giebt auch bei ihrer Vertheilung das Gesetz einigen Anhalt, dass die schwereren Sande eher, also auch näher dem Ufer sinken, während der weit leichter suspendirbare Schlick über weite Flächen Landes fortgeführt wird. So finden wir denn, um zunächst bei dem grossen Memel-Delta stehen zu bleiben, den Sand innerhalb desselben vorherrschend in der Nähe der Flussufer. Da aber noch heutigen Tages eine ungemein grosse Anzahl von Flussarmen das Delta durchfurcht, in vergangenen Zeiten nachweisbar ihre Zahl noch viel grösser gewesen und auch die vorhandenen im Laufe der Jahrhunderte ihr Bette bereits mehrfach verlegt haben, so findet sich reiner Flusssand auch durch das ganze Delta hin vertheilt, stellen- und strichweise die Oberfläche bildend. Da ferner der Sand durch immer feineres Korn und Aufnahme von thonigen Bestandtheilen allmälige Uebergänge zum Schlick sehr vielfach zeigt und endlich auch nach der Tiefe zu Schlick und Sand, wenn auch in scharf getrennten Schichten, doch beständig miteinander wechselt, so war eine Trennung beider in der geologischen Karte nicht nur äusserst schwer ausführbar, sondern musste auch, wo es, wie in diesem Falle, eben nicht auf eine blosse Bestimmung der Ackerkrume ankam, völlig ungerechtfertigt und den Ueberblick störend erscheinen. Diese Wechsellagerung oft nur wenige Linien starker, zuweilen allerdings auch mehrere Fuss mächtiger Schichten in steter Horizontalfolge lässt sich zu trockner Jahreszeit am besten in den Ufern der jetzigen Flussbetten beobachten, wo solche, von der Strömung angenagt, beständig steil abgebrochen erscheinen.

Wenn vorhin als Regel angegeben wurde, dass der Sand meist in der Nähe der Flussläufe abgelagert, so ist damit jedoch keinesweges der umgekehrte Schluss gestattet, dass in der Nähe der Flussläufe meist Sand die Oberfläche bildet. Es gilt dies, namentlich bei den heutigen Flussläufen, nur von den bedeutendsten derselben, dem Russstrom und der Gilge. Aber auch hier ist die Sandablagerung gegenwärtig durch die schützenden Dämme nur auf das von diesen dem Flusse gelassene schmale Thal beschränkt und werden zum Theil, wie beim Russstrome, durch die beiden Hauptmündungsarme desselben, den Atmat- und Skirwieth-Strom bis in's Haff hinausgeführt, wo sie die alljährlich sichtlich wachsenden Inselbildungen vor denselben verursachen, deren Wachsthum während der letztverflossenen 50 Jahre in den beiden Nebenkärtchen auf Sekt. 3 der geologischen Karte veranschaulicht worden ist. Bei den sämmtlichen übrigen Flussläufen, soweit sie in der sogenannten tiefen Niederung liegen, gilt, weil sie bei Weitem nicht mehr die Stromgeschwindigkeit wie früher zeigen, gegenwärtig als Regel, dass sie überwiegend nur feine Schlickmassen absetzen. Längs sämmtlicher der Flussmündungen im Memel-Delta haben sich daher, zum grossen Theil auch schon durch früheren Sandabsatz, den der Schlick nun bedeckt, erhöhte Ränder gebildet, welche bei beginnendem Stauwasser fast einzig die Wasserfläche überragen. Auf ihnen haben sich die echten Fischerdörfer des Haffes angesiedelt, deren Kumst- (Kohl-) Gärten die besten Stellen dieser Ränder einnehmen. Der Haupttheil derselben ist aber zu Wiesen niedergelegt, die ein vortreffliches Heu liefern und sämmtliche Flussläufe durch die Elsenbrüche der Ibenhorster und Nemoniener Forst auf beiden Seiten begleiten.

Der Schlick besteht aus einem Gemenge durchweg äusserst feinkörnigen, zum Theil sogar schwer abschlemmbaren Sandes mit feinen Thontheilchen und geht in seinen extremsten Ausbildungen daher einerseits, wie schon bemerkt, allmälig zu reinem Sande, andrerseits zu fast reinem Thone über. Die Gegenden, wo er in seiner mittleren, durchschnittlich vorwiegenden Ausbildung die Oberfläche bildet, sind eben die fruchtbarsten der Niederung, zumal er hier meist mit Humustheilen bereits ebenfalls innig gemengt ist, wie wir gleich des Weiteren sehen werden. Da diese Oberflächenlagerung nun im Ganzen die Regel, so ist dadurch der gute Ruf der Niederung im Allgemeinen erklärlich. Ausserhalb des Memel-Delta's oder der Niederung, wie sie für gewöhnlich genannt wird, und des in dasselbe übergehenden Memelthales, treffen wir Schlick- und Sandbildungen in ziemlicher Ausdehnung und gleichfalls bedeutender Tiefe namentlich im Thale der Minge. Wo dasselbe sich zuerst merklich erweitert, ca. 1 Meile oberhalb Prökuls und durch die von Osten einströmende Wewircze, zudem die Stromrichtung der Wasser gestört wurde, sieht man, grade wie im oberen Theile des Memel-Delta, Ablagerungen von Schlick und Sand bei trockener Jahreszeit in über 12 Fuss hohen Ufern zu Seiten des heutigen Flussbettes angehäuft. Ingleichen erfüllen sie die alte Mündung der Minge zwischen Szwenzelner- und Tyrus-Moor. Erwähnenswerth ist in den Schlick- und Sandschichten des oberen Mingethales noch eine ca. 3—4 Fuss mächtige, Holz-Früchte-, Käferreste etc., namentlich aber Blätter in grosser Menge führende Schicht, welche ober- wie unterhalb Szernen ziemlich im Wasser-Niveau lagert, noch weiter unterhalb in eine entschiedenere Torfschicht mit Holzstämmen übergeht. Das Querprofil, Fig. 4, giebt ein für die Schlick- und Sandablagerungen der hiesigen Flussthäler überhaupt charakteristisches

Fig. 4.
Das Mingethal bei Szernen.

Alluvium.	Diluvium.
a. Minge-Schlick mit feinen Sandschichten.	z. Spath-Sand und Grand, bedeckt mit grossen Geschieben.
b. Torf-, Blätter- und Holz-Schicht.	o. Rother Diluvialmergel.
c. Minge-Sand.	

e. Flugsandanhäufungen.

Bild der Lagerung. Auch das Thal der Dange ist von Schlick- und Sandbildungen erfüllt und im Süden des Haffes zeigt das Deimethal den Schlick, namentlich an den Uferrändern des Flusses, der das übrige Thal erfüllenden Torfschicht aufgelagert.

Moor- und Humuserde.

Durch Aufnahme von mehr und mehr völlig zersetzten Pflanzentheilen, sogenanntem Humus, geht der Schlick ebenso in Moorerde über, wie der Sand in Humuserde. Moorerde ist nämlich reiner Humus mit Thontheilchen und meist äusserst feinen, kaum abschlemmbaren Sanden.

Sie erfüllt auf weite Strecken rein oder in ihren Uebergängen zu Schlick die tieferen Stellen der Niederung, so vornehmlich die meilenlangen Elsenbrüche der Ibenhorster Forst auf ca. 1 Meile Breite längs des Haffes und ausserdem den ebenso tiefen südlichen Rand des Deltas, die Gegend der Flüsse Medlaukne, Arge, Schnecke und unteren Schalteik.

Die Humuserde dagegen (die Mengung von Sand und Humus) ist mehr den kleinen Thalgerinnen und Becken im Bereiche des Plateau's eigenthümlich, wo sie die geologische Karte genauer angiebt.

Torf- und Moos-Brüche.

Torf, jene Ablagerungen abgestorbener, mehr oder weniger zersetzter, aber stets als solche noch erkennbarer und in einander verfilzter Pflanzen ist der eigentlichen Niederung weniger eigen, mehr schon dem südlichen und nördlichen Rande derselben, wo sie sich entweder in abgeschlossenen Becken oder in den kleineren Flussthälern ausgebildet haben. Hauptsächlich findet er sich im Deimethal und andrerseits im Thale der Minge nach den erhöhten Flussrändern zu, wie schon erwähnt, von dem Schlickauftrag bedeckt. Und endlich ist er besonders unzähligen kleinen und auch grösseren Becken meist im Haidesand auf der Höhe der Plateaus eigen, wie sie genauer nur die geologische Karte selbst anzugeben vermag.

Moostorf, resp. Moosbrüche sind von diesen gewöhnlichen Torfbrüchen streng zu unterscheiden. Es sind dies durch eine besondere Flora gekennzeichnete wirkliche Hochmoore, d. h. nicht wie das Wort irrthümlich vielfach gedeutet wird, hoch gelegene Moore, obgleich auch sie sich vielfach auf der Höhe des Plateaus finden, sondern über ihre niedere Umgebung hoch aufgewachsene Moore. Ihre Oberfläche bildet, von den nassen Rändern aus, die im Wasser-Niveau der benachbarten, theilweise das Moosbruch sogar in trägem Lauf durchziehenden Flüsse liegen, ziemlich stark ansteigend, einen nach der Mitte zu abgeplatteten Kugelabschnitt. Beistehendes, in nicht ganz SN.-Richtung von dem östlichen Ende des Dorfes Augstumal am Tennefluss durch das ca. 3/4 Q.-Meilen grosse Augstumal-Moor gelegte Profil wird das eigenthümliche Wachsthum veranschaulichen.

Fig. 5.
Profil durch das Augstumal-Moor.
Maassstab der Länge zur Höhe wie 1 : 10.

Die so charakteristische Bildung dieser dem ganzen Nordosten Ostpreussens eigenthümlichen Moosbrüche, welche in der Existenz verhältnissmässig tiefer Teiche grade auf der Höhe des Moosberges gradezu noch ein physikalisches Räthsel bieten, soll in einem späteren besonderen Aufsatze eingehender besprochen werden. Hier möge nur noch die Thatsache Erwähnung finden, dass die Mitte, beispielsweise des sogenannten grossen Moosbruchs am Nemonienstrom den Wasserspiegel dieses und des hindurchfliessenden Timber-Flusses sogar um 18 Fuss überragt und in dieser Höhe gleichfalls eine Anzahl Teiche, die sog. Burbolinen trägt. Das völlig von Wasser durchsogene lebende Moos geht nach der Tiefe zu mehr und mehr abgestorben in gelben, noch tiefer endlich schwarzen und dann schon kompakteren Moostorf über, der auch in den niedrigen, besonders nassen Rändern zum Vorschein kommt.

Im Bereiche des Memel-Deltas und zwar immer längs der Ränder desselben, befinden sich die grössten dieser Hochmoore. So das ebengenannte, circa 2 Q.-Meilen umfassende und einige kleinere am Südrande. So das Pleiner-, das Berstus-, das Medszokel-, das Rupkalwener und das Augstumal-Moor (s. Profil) am Nordrande. Noch weiter nördlich folgt das schon mehr abgetrocknete und daher flachere Islisz-Moor und auf dem niedrigen durch den Windenburger Höhenzug getrennten Vorlande das Szwenzler- und Tyrus-Moor, welches letztere verhältnissmässig am besten abgetrocknet, unter dem wie Stroh verflackernden gelben, den meisten festen schwarzen Moostorf liefert.

Auf dem Memeler Plateau finden sich nur verhältnissmässig kleinere Moosbrüche, unter denen genannt zu werden verdienen: das Dauperner und Birbindscher Moor östlich Memel, das Posinger Moor an der russischen Grenze zwischen Minge und Wewirsze.

Der Wiesenmergel oder auch Wiesenkalk

ist ein weisses oder auch durch beigemengte Humustheile weissgraues, im frischen Zustande seifig anzufühlendes Gebilde, das der Hauptsache nach aus kohlensaurem Kalk besteht, durch einige, meist nur geringe Sand- und Thonbeimengung aber auch als Mergel bezeichnet werden kann. Eingemengt, ja zuweilen ihn grösstentheils bildend, zeigen sich fast stets Schalen heut lebender Süsswasserconchylien in grosser Menge und endlich mehr oder weniger gut erhaltene Pflanzenreste. Er beschränkt sich ausschliesslich auf den unmittelbaren Bereich des Plateaus; in der eigentlichen Niederung des Deltas fehlt er gänzlich. Es hängt dies eng mit seiner Bildungsweise als Niederschlag aus kalkführenden Sickerwassern zusammen.

Der, wenn auch noch so schwache Kohlensäuregehalt, welchen die atmosphärischen Niederschläge aus der Luft und zwischen den Pflanzen aufnehmen und einsickernd mit kalkhaltigen Schichten in Berührung bringen, verbindet sich hier mit der entsprechenden Menge kohlensauren Kalkes zu doppelt kohlensaurem Kalke. Dieser wird seiner leichten Löslichkeit halber ohne Schwierigkeit mit fortgeführt. Wo die Wasser aber an Abhängen, in Wiesen der Thäler oder kleinen sonstigen Vertiefungen wieder zum Vorschein kommen, scheidet sich alsbald der Kalk, unter Verlust des einen Theiles der so leicht flüchtigen Kohlensäure, als einfach kohlensaurer Kalk wieder aus, ein Process der durch kalkliebende Wasser- und Sumpfpflanzen, so wie durch die den Kalk zu ihren Schalen brauchenden Süsswasserschnecken begünstigt und gefördert wird. Daher die Bildung der in unsrer Provinz häufig so mächtigen Wiesenmergellager unter oder über dem Torf oder Humusboden der Thäler und Becken. Derartige Ablagerungen, meist in kleinen Becken, giebt die geologische Karte verschiedentlich an. An grossen, weit ausgedehnten Lagern des Wiesenkalkes fehlt es der in Rede stehenden Gegend jedoch. Zuweilen an dazu günstigen Stellen bilden sich aber auch wohl festere Kalksinter auf diese Weise schon am Abhange selbst. In der Umgebung des kurischen Haffes sind mir derartige Stellen jedoch nur am Abhange des Rombinus-Berges bei Tilsit bekannt.

Da nun ältere als diese kalkigen Schichten in unsern Gegenden nur dem Diluvialgebirge eigen sind und dieses in der Niederung des Deltas nirgends ansteht oder doch dann den Wasserspiegel nicht überragt, andrerseits aber die aus den Abhängen hervortretenden Wasser ihren Kalkgehalt alsbald absetzen und nie weit mit sich fortführen, so konnte und kann auch heut zu Tage eine Bildung von Wiesen-Kalk oder Mergel in dem weiten Memel-Delta nirgends stattfinden.

Der Raseneisenstein,

auch Sumpferz, Moorerz, Wiesenerz, Limonit genannt, erzeugt sich auf ganz ähnliche Weise als Niederschlag eines Theils in Lösung mit fortgeführten Eisengehaltes der von den atmosphärischen Wassern durchsickerten und von der Verwitterung angegriffenen älteren Schichten. Der Ausscheidungsprocess aus dem in den Wiesen und tief gelegenen Stellen sich sammelnden Wasser wird namentlich auch durch Zersetzung faulender pflanzlicher oder thierischer Reste begünstigt, wie auch einigen Infusorien ein Antheil an der Bildung solcher Sumpferze zugeschrieben. Der Raseneisenstein ist ein mehr oder weniger durch Sand verunreinigtes Gemenge von festem Eisenoxydhydrat mit phosphorsauren und humussauren Eisensalzen. Er kommt bald in schrot- bis erbsenkorngrossen Körnern, bald aus diesen scheinbar zusammengesintert in grossen, oft schlackenartigen und traubigen Klumpen vor.

Besonders reichlich und häufig zeigt er sich in Becken und sonstigen Vertiefungen innerhalb oder am Fusse von Haidesandablagerungen, dessen eigenthümliche Fuchserde, die wir im folgenden Abschnitte kennen lernen werden, offenbar in einem ursächlichen Verhältniss zu ihm stehen muss. Da der Haidesand hauptsächlich den niedrigeren Stellen der Plateaux angehört, so findet sich auch der Raseneisenstein vorzüglich in Vertiefungen und Thalgerinnen dieser. Für seine körnige Ausbildung möchte ich beispielsweise die Gegend von Aszeken einem Vorwerke von Szernen a. d. Minge, für die klumpenartige die Gegend von Schompetern, unweit der Schmeltell bezeichnen.

II. Aelteres Alluvium.

Der Haidesand. — Altersstellung desselben. — Unterscheidungsmerkmale. — *Fuchserde im Haidesande.* Nicht Eisen, sondern Humus färbt und verkittet dieselbe. — Zweierlei Humus. — Nachtheil des braunen Humus auf die Pflanzenentwicklung. — Mittel dagegen. — *Moosschichten im Haidesande.* — Bestimmung des Mooses. — Verbreitung. — *Lagerung und Verbreitung des Haidesandes* — auf dem Plateau — im Memel-Delta — auf der Nehrung.

Das ältere Alluvium zeigt sich in den Umgebungen des kurischen Haffes, wie bisher überhaupt in der Provinz Preussen, nur durch eine, jedoch meilenweit gleichmässig zu verfolgende Sandschicht vertreten.

Der Haidesand,

wie ich dieses Gebilde seiner charakteristischen Bedeckung mit Haidekraut halber benannt habe, ist völlig entsprechend und von gleichem Alter mit dem von Meyn und Forchhammer in Schleswig und Holstein bereits unter dem gleichen Namen beschriebenen Sande dortiger gleichfalls meilenlanger Haidesteppen. Neuerdings hat Meyn sich aber auch von der vollständigen Identität des Haidesandes mit der holländisch-belgischen Campine und der mecklenburgischen Haideebene überzeugt*) und es ergiebt sich somit ein die heutige Ost- und Nordsee umrändender und verbindender Kranz von älterem Alluvium, der am Besten geeignet ist, ein Bild von der jüngstverflossenen Wasser- und Landvertheilung dieser Gegenden entstehen zu lassen. Der Haidesand unterscheidet sich durch eine gelblichere, wohl durch einen leichten Ueberzug oder Anflug von Eisenoxydhydrat (Rost) verursachte Farbe vom Diluvialsande und meist auch von den jüngeren Alluvialsanden den Fluss-, wie den Dünensanden, führt aber ebenfalls die dem Diluvium charakteristischen Feldspathkörnchen, da er nicht minder nur durch eine Umlagerung aus diesem entstanden ist.

Was ihn ganz besonders kenntlich macht, ist eine in 1 bis 2 Fuss Tiefe in der Regel in ihm sich findende, 1 bis 2, selten 3 Fuss starke Schicht, welche vom dunkeln Rothbraun oder Kaffeebraun, einerseits in's Rothgelbe, andrerseits in's Braunschwarze übergeht und mehr oder weniger fest verkittet, oft steinartig verhärtet ist. Unmittelbar über derselben zeigt sich der Sand stets in einem auffallend zersetzten Zustande, wie solcher sich durch die weisse, in Folge Kaolinisirung des Feldspaths entstandene Farbe kenntlich macht. Sie ist unter dem Namen Fuchserde, Ocker- oder Eisensand, Ziegelerde (spezielle Benennung im Memel-Delta), Kraulis (desgl. in den rein litthauischen Gegenden der Höhe), auch wohl Ortstein bekannt**).

Unter der Benennung Ocker- oder Eisensand wird die Fuchserde vielfach ihrer Entstehung und Zusammensetzung nach fälschlich identificirt und verwechselt mit dem bereits beschriebenen Raseneisensteine. Der Irrthum liegt äusserst nah und ist doppelt erklärlich, weil wir vielfach, auch in älteren Formationen, z. B. in dem sogen. Krant der Bernsteinformation des West-Samlandes, oder in den braunen Sandsteinen des Diluviums oberhalb Thorn durch spätere Bildung und Ausscheidung von Eysenoxydhydrat ähnlich verkittete und ähnlich gefärbte Schichten besitzen. Die verkittete und so intensiv färbende Masse ist in der Fuchserde aber nicht, wie selbst der Mineralog oder Chemiker auf den ersten Blick zu urtheilen geneigt ist, Eisenoxydhydrat. Von Eisengehalt zeigten die chemischen Analysen,

*) Geognost. Bestimm. d. Lagerst. v. Feuersteinsplittern bei Bramstedt in Holstein enth. in Arch. f. Anthropol. Bd III. 1868.

**) Im Holsteinschen und Schleswig kennt man ausser der auch hier geltenden Benennung Fuchserde noch die Namen Bickerde und Ahlerde für dies Gebilde.

die Professor Werther die Güte hatte, mit Proben aus den verschiedensten Gegenden anzustellen, sowohl direkt, wie in den Glührückständen (um Maskirung durch Humus zu vermeiden), jedenfalls nicht mehr als der Haidesand in seiner gewöhnlichen Färbung und Gestalt und zwar von Eisenoxydul kaum eine Spur, von Eisenoxyd wenig mehr als eine solche. Dagegen ergab sich die ganze färbende und kittende Substanz, die sich beim Glühen zunächst völlig schwärzte, bei Entfernung der Flamme sogar deutliches Glimmen zeigte und zuletzt gänzlich verbrannte, ausschliesslich als Humus. Aber es ist nicht Humus in der allgemein bekannten erdig schwarzen Gestalt, wie sie durch ihren Einfluss auf die Pflanzenernährung von Vortheil ist, vielmehr der Hauptsache nach eben in der braunrothen, in Säuren nicht löslichen Form.

Dieser letztere Umstand in Verbindung mit der Härte der Schicht, welche die Wurzeln der Pflanzen nicht eindringen lässt, verursacht vielfach das Absterben dieser, das sogenannte Ausbrennen des Ackers resp. die Schrindstellen des letzteren, wo die Fuchserde der Oberfläche ganz nahe liegt. Sehr erklärlich ist es daher, dass der Landmann im Allgemeinen so viel als möglich vermeidet, durch tiefes Pflügen sich dieses verhasste Gebilde auch noch in die Ackerkrume selbst hineinzumischen. Dennoch möchte ich bei dieser Gelegenheit grade das tiefe Pflügen auch hier als bestes Mittel gegen diesen Feind empfehlen. Wo nämlich die Fuchserde der Oberfläche nahe genug liegt und schwach genug ist, wird es bereits nach wenigen Jahren gelingen, die harte Schicht bis in den unterliegenden Sand zu durchreissen. Dann aber ist dem Uebel im wahren Sinne des Wortes in der Wurzel gesteuert; denn so bald die feinen Wurzelfäden ungehindert in die Tiefe zu dringen vermögen, so können sie auch in trockner Jahreszeit Feuchtigkeit aus der Tiefe aufsaugen und diese nur fehlte bisher. Wo aber auch durch grössere Mächtigkeit der Schicht nicht Aussicht auf so baldige Hebung des Uebels, da wird durch Emporbringen des Fuchsgrundes keineswegs, wie fast durchgängig bisher angenommen, die schon so leichte Ackerkrume völlig verdorben, vielmehr auf die Dauer verbessert und jedenfalls vertieft, denn der braune Humus setzt sich, an die Oberfläche gebracht und nöthigenfalls zerkleinert, allmälig um in die schwarze, dem Pflanzenwuchs durch Anhalten der Feuchtigkeit so vortheilhafte andre Form, wie übereinstimmende Beobachtungen mehrerer Landwirthe mich hinlänglich überzeugten. Bereits im nächsten Jahre war, wenn der Auftrag nicht zu stark erfolgte, die rothe oder braune Farbe völlig geschwunden oder vielmehr in die schwarze resp. graue des gewöhnlichen Humusbodens umgesetzt und der Ertrag des Feldes den besten Erträgen früherer Jahre gleich. Am wenigsten ist dem Uebelstande abzuhelfen, wenn die Fuchserde, wie so vielfach erst in $1^1/_2$ und 2 Fuss Tiefe lagert. Aber vielleicht erfindet die Technik bei der grossen Verbreitung des Haidesandes in der Folge auch noch ein Instrument, mittelst dessen es gelänge, die Schicht, welche eben wohl die Wasser, aber nicht die aufsaugenden Wurzeln hinab dringen lässt, selbst in dieser Tiefe zerrisse oder hinlänglich zerstiesse.

Erwähnt möge hier noch werden, dass die Kiefer der einzige Baum zu sein scheint, welcher auf dem fuchserdereichsten Haidesande nicht nur sein Fortkommen findet, sondern einen üppigen, stets schlanken Wuchs zeigt. Bei sämmtlichen andern Bäumen, die im Haidesande etwa gepflanzt werden sollen, kann nicht genugsam darauf aufmerksam gemacht werden, dass nur auf ein Gedeihen zu rechnen ist, wenn die Schicht der Fuchserde auf genügendem Umkreise völlig durchgraben resp. durchhauen ist.

Ausser der Fuchserdeschicht finden sich im Haidesande aber zuweilen auch dünne Moosschichten, die, wo sie vorhanden, denselben nicht minder gut kennzeichnen und wenn sie so allgemein verbreitet sich herausstellen sollten, wie es mir bisher den Anschein gewährt, von weitgreifendem Interesse sein werden. Für die Umgebung des kurischen Haffes ist ihre grosse Bedeutung schon ausser Frage gestellt, wie sich im zweiten Theile der Abhandlung zeigen wird.

Dr Carl Müller in Halle, der als bewährter Mooskenner die Güte hatte, übersandte Stücke der bis $1^1/_2$ Zoll starken Moosschichten von Sarkau auf der kurischen Nehrung zu untersuchen, schreibt darüber an Prof. Caspary: „Die sehr schwierige Untersuchung der übersendeten Moose hat das seltsame Resultat ergeben, dass der grösste Theil des Moostorfes aus Hypnum turgescens (Schimper) gebildet ist, einem Moose, das bisher noch nicht einmal lebend aus Ihren Moorländern bekannt ist. Bisher wurde es nur in Herjedalen (Schweden) in Sümpfen und in ähnlichen Lokalitäten auf der sumpfigen Landzunge von St. Bartholomä am Königssee bei Berchtesgaden gefunden. Es wäre sehr interessant, zu erfahren, ob das Moos noch lebend in Preussen vorkommt. Der geringste Theil des Moostorfes ist höchst wahrscheinlich (die Exemplare sind zu dürftig und unvollständig erhalten) aus Hypnum nitens Sch. gebildet."

Die Wechsellagerung der dünnen Moosschichten mit Haidesand, ihre Lagerung unter der Fuchserde und dicht über dem Diluvialgebirge geht am besten aus den Profilen Fig 10 und 11 zu Anfang des zweiten Theils dieser Abhandlung hervor. Das erste derselben ist dem Seeufer unter der Sarkauer Forst auf der kurischen Nehrung entnommen. Das zweite zeigt das gleiche Auftreten der Moosschichten in völlig demselben Niveau in dem Haidesande des Windenburger Höhenzuges. Unter gleichen Verhältnissen fand ich eine Moosschicht in dem Haidesande der Höhe nördlich Prökuls auf dem Memeler Höhenzuge. Obgleich das Moos hier äusserst schlecht erhalten und daher nicht bestimmbar war, so glaube ich in Folge der völlig gleichen Lagerungsverhältnisse keinen Augenblick Anstand nehmen zu dürfen, dieselbe Moosbildung auch hier als vertreten anzunehmen. Ebenso fanden sich Spuren der meist äusserst dünnen und daher so ungemein leicht zu übersehenden Moosschichten östlich Heidekrug, wo die Gräben der neuen Chaussee unweit Jonaten sie erkennen liessen. Selbst bis in die Gegend von Tilsit gelang es mir, dieselben hier bis jetzt nachzuweisen und zwar immer ein oder mehrere Fuss unter der Fuchserde. Gräben nahe bei dem Hofe Pauperischken und dem Ufer des Waldsees der Tilsiter Stadthaide waren es hier, welche mir, namentlich in eine kleine, nur einmal in diesem Niveau gefundene Mergelschicht mit lebenden Süsswasserschnecken hineinragend, deutlichere als die ringsum nur eben erkennbaren Moosreste lieferte, deren Bestimmung wohl noch möglich sein wird.

Wie schon aus dieser Verbreitung der Moosschichten hervorgeht, gehört der Haidesand fast dem ganzen Bereiche der in Rede stehenden Gegend an. Seiner Lagerung zufolge sind wir aber berechtigt, noch zu unterscheiden die Verbreitung des Haidesandes auf dem Plateau und in der Niederung.

Auf dem Plateau bedeckt er nämlich vorzüglich die ganze in der orographischen Schilderung Seite 7 bereits genauer begrenzte Abdachung desselben, gleicherweise auf ihren Höhenpunkten wie in Vertiefungen. So lagert er auch äusserst regelmässig auf der Westabdachung des ganzen Memeler und Windenburger Höhenzuges und steigt hier bis zu fast 50 Fuss (die genannte Moosstelle bei Prökuls) empor. Ebenso gehört ihm der Hauptsache nach die ganze Plateausenke zwischen genanntem Höhenzuge und der russischen Grenze an.

Ueberall findet man ihn hier seiner Altersstellung gemäss direkt auf dem Diluvium und zwar meist zunächst auf dem rothen oberen Diluvialmergel. Schwer ist seine Grenze nach der Tiefe nur zu bestimmen, wenn er, wie in einzelnen Fällen, z. B. auf dem Memeler Höhenzuge, auf Sand des Diluviums lagert. Seine durchschnittliche Mächtigkeit beträgt von circa 5 bis zu 8 und 10 Fuss. Er erscheint gleichsam als eine mannigfach zerrissene Decke, aus der namentlich Höhenpunkte hervorblicken und die durchweg von allen nicht nur Fluss-, sondern selbst unscheinbaren Bachthälern und Gerinnen durchschnitten ist, so dass sie ihre Unterlage blicken lässt.

Ganz anders, gradezu umgekehrt und doch entsprechend, gestalten sich die Verhältnisse in der Niederung. Wie auf dem Plateau die Unterlage des Haidesandes der Diluvialmergel in Kuppen herausragt, so, nur noch regelmässiger, ragen aus der ziemlich horizontalen Ebene der jüngeren Deltabildungen zahlreiche niedere Kuppen und langgestreckte Hügelzüge von Haidesand hervor. Es sind in der eigentlichen tiefen Niederung die einzigen Stellen, wo neben menschlichen Wohnungen Kornfelder die Wiesenfläche oder auch die früher noch weit ausgedehnteren Elsenbrüche unterbrechen. Die Fuchserde (hier vielfach Ziegelerde genannt) ist in ihnen besonders regelmässig und meist auch stark ausgebildet.

So ist auch hier diese ältere Alluvialbedeckung des Diluviums in der Tiefe in fortlaufendem Zusammenhange zu denken. Nur das Haff durchschneidet sie vollständig, da sich, wo nicht jüngere Sinkstoffe den Boden desselben bedecken, direkt der Diluvialmergel mit seinen Steinen zeigt. Wo aber jenseits auf der Nehrung das Diluvium das Wasserniveau überragt, setzt die Decke des älteren Alluviums auch abermals fort. So bildet der Haidesand unter der dünnen Flugsandbedeckung der Sarkauer Forst überall die tiefere Unterlage dicht über dem Diluvialmergel. So fehlt er auch nicht bei Rossitten und auch weiter nordwärts wo der Diluvialmergel mehr in der Tiefe bleibt und nirgends sichtbar wird, deuten Spuren darauf hin, dass doch wenigstens der fuchserdereiche Haidesand mehrfach bis über das Wasserniveau emportritt, wenn er auch hier der bedeutenden Dünenmassen halber nicht genauer verfolgt werden kann.

Das Diluvium.

Allgemeine Merkmale.

Geschiebe und Gerölle. — Anhäufungen von silurischem Kalk. — Desgl. von Kreidegestein (todte Kalk). — Häufige Entstehung von Geschiebelagern durch Abspülung. — Gehalt sämmtlicher Diluvialschichten an kohlensaurem Kalk. — Verwitterungsprozess und dadurch gebildete kalkfreie Rinde (Lehm). — Profil. — *Verbreitung im Bereiche des kur. Alluvialgebietes* und allgemeine Lagerung.

Für die Diluvialablagerungen im Allgemeinen sind hier wie im übrigen Norddeutschland als besonders charakteristische Merkmale das Vorkommen grosser und kleinerer Geschiebe und der fast ausnahmslose, wenn auch häufig nur geringe Gehalt sämmtlicher Schichtengebilde an kohlensaurem Kalk in erster Reihe zu erwähnen.

Das Vorkommen der Geschiebe überhaupt, ihre Abstammung von nordischen anstehenden Gesteinen ist bekannt und jedenfalls aus dem Anfangs angeführten Grunde (siehe die Einleitung) an dieser Stelle nicht zu erörtern. Auch in der Verschiedenartigkeit der Gesteine gilt im Allgemeinen das von norddeutschen und insbesondere märkischen Bekannte. Gleicherweise sind es in der vorliegenden Gegend vorwiegend Bruchstücke von Granit und Gneuss, von Porphyr-, Augit- und Hornblendegesteinen sowie von Quarziten. Unter den geschichteten Gesteinen sind es hauptsächlich Kalksteine und zwar vorwiegend des Silur. Dieselben sind entweder fast ganz leer von Versteinerungen, zeigen dann in der Regel ein ungemein gleichmässiges Gefüge, nur zuweilen unterbrochen von Kalkspath-Adern und Drusenausfüllungen mit dem entsprechend ebenen bis muschligen Bruch und werden als Kalksteine zum Brennen mit Recht besonders hoch geschätzt; oder es sind auch von organischen Resten (Muschel- und Schneckenschaalen) reichlich, oft massenhaft erfüllte, meist plattenartige Steine, die eben deshalb in der Provinz im Allgemeinen irrthümlich den Namen Muschelkalk tragen. Derartige, namentlich erst genannte silurische Kalke kommen zuweilen in entschiedenen Anhäufungen vor. So lagern sie in vorliegender Gegend mit keinem anderen Gesteine gemengt in einigen Fuss Mächtigkeit auf dem Diluvialmergel des Thalrandes am Tennefluss nördlich Heidekrug.

Auch devonische Gesteine kommen vor und unter ihnen besonders ein rother, zuweilen in's Gelbe übergehender Sandstein mit feinem bis ganz grobem Korne uud meist auffallend crystallinischem Aussehen.

Aeusserst zahlreich vertreten ist sodann ein in Ostpreussen unter dem Namen „Todter Kalk“ bekanntes Kreidegestein, Schumann's „Harte Kreide“. Es ist ein in seiner Knollenform, seinem glasig-muschligen Bruch, häufig auch in der Farbe augenblicklich an den Flint der Kreide erinnerndes Kieselgestein, ist jedoch nie so rein (Thonerde) als dieser, hat in unzersetztem Zustande einen geringen Gehalt an kohlensaurem Kalk und geht durch Aufnahme von Glaukonitkörnchen und Glimmerblättchen über in einen Glaukonitmergel und durch Aufnahme auch von grobem Quarzsande endlich in einen entschiedenen Glaukonitsandstein. Den Namen „Todter Kalk“ führt er, weil er, aussen weissgrau gewittert, vielfach als Lesekalk zum Brennen eingeliefert wird, aber seines geringen oder auch wohl bereits gänzlich ausgewitterten Kalkgehaltes halber sich sogleich „todt brennt“. Im Bereiche der unteren Memel, bei Bögschen a. d. Leithe und mehrfach in den Gehängen des Memelthales unterhalb Tilsit und bei Splitter kommt dieses Gestein in Anhäufungen völlig ungemengt oder doch nur mit vereinzelt eingemengten andern Geröllen vor und scheint hier nicht undeutlich auf eine Abstammung von Memel aufwärts, also östlicher und zwar bereits in Russland gelegenen Punkten hinzuweisen. Eine in einem Briefe an Prof. Grewingk in Dorpat darauf hin ausgesprochene Vermuthung fand bereits in dem fast umgehenden Anwortschreiben desselben vom $\frac{\text{10. October}}{\text{28. Septbr.}}$ 1868 einige Bestätigung in der Mittheilung, dass es ihm in den vergangenen Wochen gelungen, sowohl in Kurland, als im Gouvernement Kowno die Kreideformation, wenn auch nur Schreibkreide, nachzuweisen, worüber nähere Mittheilungen in Aussicht stehen.

Weiter nördlich des Memelstromes nach Memel selbst und Crottingen zu scheint jedoch, wenigstens auf preussischem Gebiete, der todte Kalk grade seltener als gewöhnlich zu werden, was wieder mit der östlichen Abstammung in Einklang stehen würde.

Als Seltenheit möge noch ein Stück Sternberger Gestein aus der Memeler Gegend erwähnt werden.

Die genannten Geschiebe, die durch Grössenabstufung hinab bis zu kleinen Geröllen und endlich Grand zu verfolgen sind, sind gleicherweise dem oberen wie dem unteren Diluvium eigenthümlich.

Als besondere Anhäufungen, als Geröll- und Geschiebelager sind sie dem oberen Diluvium mehrfach, dem unteren meist nur wieder an seiner unteren Grenze, wo solches älterem Gebirge auflagert, eigen. Namentlich in ersterem Falle sind es vielfach weniger direkt als solche gebildete Lager. In diesem Sinne könnten nur mit Sicherheit die eben erwähnten Anhäufungen von silurischem oder von sogenanntem todten Kalke angesprochen werden. Meist sind diese Geröll- und Geschiebelager nur Reste an dieser Stelle bereits wieder zerstörter Diluvialschichten, deren Thon-, Sand- und feinere Kalktheile von den abspülenden Gewässern fortgeführt wurden, während die gröberen Einmengungen zurückbleiben und sich naturgemäss auf einander häufen mussten. Für solche Rückstände stattgefundener Abspülung ist in der Umgebung des kurischen Haffes zunächst zu bezeichnen die Gegend der heutigen Deimemündung und die Uferränder des Samländer und Nadrauener Plateau westlich und östlich derselben (siehe geol. Karte, Sect. 7), wo verschiedene Ausflussarme durch diese Steinpalwen*) noch deutlicher als durch die Höhenverhältnisse erkennbar werden und so zugleich die bei ihrer Bildung thätigen Gewässer nachweisbar machen. Ebenso begleiten

*) Ostpreussische Benennung dieser eben ihrer Steinmassen halber brach liegenden, meist üppig mit Wachholder (Kaddig) bewachsenen Ländereien.

derartige Steinlager zum Theil den Rand des Memelthales, dann des kleinen Thales der Tenne und Szuste nördlich Heidekrug. Und endlich markiren sich auf gleiche Weise mehrere Betten der einst abfliessenden Diluvialgewässer, spätere Nebenarme der Minge östlich Szernen.

Im Uebrigen sind die genannten Geschiebe und Gerölle wesentliche Gemengtheile der meisten thonig-kalkigen Schichten, untergeordnete Vorkommen in den rein sandigen Schichten des Diluviums.

Als zweites charakteristisches Merkmal wurde der grössere oder geringere Gehalt sämmtlicher Diluvialschichten an kohlensaurem Kalk genannt. Es ist dies eine leider, noch viel zu wenig beachtete Thatsache, welche nicht nur in geologischer Hinsicht an zweifelhaften Stellen eine Unterscheidung diluvialer von tertiären, vielfach auch von alluvialen Gebilden bedeutend erleichtert, sondern auch nach technisch und landwirthschaftlicher Seite hin mannigfach verwerthet werden kann. Allerdings fordern Diluvialablagerungen weder durch grosse landschaftliche Reize an ihrer Oberfläche, noch durch grosse Abwechselung in ihrem Innern den Beobachter im Allgemeinen grade heraus und erklärt sich daraus ihre theilweise bisherige Vernachlässigung. Wie sie daher bis vor Kurzem aus Mangel eingehenderen Studiums schlechtweg für ein wirres Durcheinander von ungeschichtetem Sand, Lehm und Geröllen gehalten wurden und von einigen auch noch gehalten werden, weil die meist nur bei Untersuchung älterer Schichten gelegentlich beobachteten Diluvialgebilde in Folge ihrer Grenzlagerung sehr natürliche, aber gegen die sonstige meilenweit regelmässige Erstreckung doch nur ganz lokal erscheinende Unregelmässigkeiten und Störungen zeigen, ebenso wird auch, weil an der Erd-Oberfläche kalkfreie und kalkhaltige Gebilde des Diluviums in den Bereich des Landmannes kommen, aus mangelnder Kenntniss auch nach der Tiefe zu eine mehrfach wechselnde Folge derselben angenommen. Es kann daher bei der Folgenschwere dieses Irrthums nicht genug betont werden, dass es eine bei genauerer Betrachtung überall durch den Augenschein mit Leichtigkeit zu beweisende Thatsache ist, dass im Grossen und Ganzen unsere Diluvialgebilde durchweg einen grösseren oder geringeren Gehalt an kohlensaurem Kalk führen in ganz ähnlicher Weise, wie solches der Hauptsache nach mit der Kreideformation der Fall ist, wo gleicherweise die entschieden thonigen Gebilde genauer als Mergel, die entschieden sandigen als Kalksande oder Kalksandsteine bezeichnet werden. Das Tertiärgebirge, soweit es im ganzen nordöstlichen Deutschland überhaupt auftritt, d. h. die nordostdeutsche Braunkohlenformation und auch die sie bedeckende Septarienthonformation*), ebenso wie andrerseits die Bernsteinformation haben eigenthümlicher Weise im Gegensatze dazu keinen, wenn auch noch so gering nachweisbaren Gehalt irgend einer Schicht an kohlensaurem Kalk und die geologische Wichtigkeit dieses Merkmales leuchtet daher leicht ein. Das jüngere, bis heute sich bildende Alluvium hat allerdings wieder Kalkablagerungen, aber in diesen wiegt meistentheils wieder der kohlensaure Kalk entschieden vor, während er im Diluvium nur einen gewissen Prozentgehalt ausmacht und sind grade die kalkhaltigen Bildungen des Alluviums auch sonst dem einigermassen geübten Auge leicht unterscheidbar. Die Hauptmasse des Alluviums ist aber gleichfalls wieder kalkfrei und behauptet genanntes Unterscheidungsmerkmal auch hier einen nicht zu unterschätzenden Werth.

Aber ein einfacher, täglich stattfindender chemischer Prozess erschwert auf den ersten Blick die Erkenntniss des fast ausnahmslosen Kalkgehaltes diluvialer Gebilde. Der, wenn

*) Nur die als charackteristische, aber doch vereinzelte, kugliche Einlagerungen bekannten Septarien selbst zeigen kohlensauren Kalkgehalt.

auch noch so geringe Kohlensäuregehalt der zwischen und unter Pflanzen in den Boden einsickernden atmosphärischen Niederschläge ist bekanntlich das Hauptmittel der langsamen aber sicheren Verwitterung aller, auch der festesten Gesteine. Wenn der härteste Granit mit der Zeit vor unsern Augen zu Grand und Sand zerfällt, es anerkannt ist, dass Thonschiefer, Mergelschiefer und ähnlicher Felsboden des Gebirges allmälig durch fortgesetzte Zersetzung an Ort und Stelle seine Lehmrinde erhalten, so darf es wahrlich nicht Wunder nehmen, wenn wir in unserm Lehm eine bis 6 und 8, ja selbst bis 10 Fuss starke Verwitterungsrinde diluvialer Mergel durch den Einfluss der Jahrtausende besitzen. Auf die einzelnen Vorgänge dieses Verwitterungsprozesses, die Gründe für die scharfe Grenze der bereits entkalkten Rinde und dergl. näher einzugehen, ist hier nicht gestattet und muss dafür auf frühere Untersuchungen*) hingewiesen werden. An dieser Stelle genügt die Anführung der Thatsache, dass diese Verwitterungsrinde völlig frei ist von einem nachweisbaren Gehalt an kohlensaurem Kalk, während unter derselben sogleich der ursprüngliche Kalkgehalt der Diluvialgebilde beginnt.

Wo eine thonig-kalkige Schicht ursprünglich die Oberfläche bildete, finden wir somit jetzt eine, wie eben angegeben, an Mächtigkeit wechselnde, nur noch thonige Rinde, die allgemein mit dem Namen Lehm bezeichnet wird. Aus diesem Grunde muss aber auch das Wort Lehm nothwendig ganz ausschliesslich für das kalkfreie Verwitterungsprodukt in Anspruch genommen werden, will man nicht in völliger Unsicherheit umhertappen, wie es bei tieferen Grabungen leider meist noch geschieht, wo man die Schichten willkürlich bald mit Lehm, bald mit Mergel bezeichnet, je nachdem man auf den vorhandenen Kalkgehalt durch etwaige weissliche Kalkausscheidungen oder Anhäufungen aufmerksam geworden ist oder nicht. Wo andrerseits nun eine ursprünglich ebenfalls, wenn auch geringer kalkhaltige Sandschicht des Diluviums die Erdoberfläche bildet, ist auch sie von oben her ihres Kalkgehaltes durch den Auslaugungsprozess beraubt und, bei dem kleineren Prozentgehalt und der leichteren Durchdringbarkeit für Wasser, naturgemäss bis in eine weit grössere Tiefe, so dass für eine solche von thoniger Bedeckung freiliegende Sandschicht das sonst so charakteristische Merkmal meist in ihrer ganzen Mächtigkeit durch bereits stattgefundene Entlaugung verloren geht.

Da irriger Weise Lehmrinde und Mergel der Tiefe andrerseits aber auch schon für ursprünglich getrennte Schichten, für direkt als Lehm und direkt als Mergel einst abgesetzte Sinkstoffe gehalten worden sind, so möge als bester Beweis für die Bildung einer solchen Verwitterungsrinde ein der Memeler Gegend entnommenes Profil folgen. Dasselbe ist darum so besonders geeignet zur Darlegung der Bildung und zur gleichzeitigen Widerlegung des eben angeführten Irrthums, weil die sonst meist horizontalen, oder doch vielfach der Oberfläche parallelen Schichten des Diluviums hier etwas aufgerichtet sind. In gleicher Weise, wie hier also bald eine thonige, bald eine sandige Diluvial-Schicht an die Oberfläche tritt (ausbeisst), zeigt dieselbe sich auf einige Fuss Tiefe verwitter (d. h. vornehmlich ihres Gehaltes an kohlensaurem Kalk völlig beraubt). Die dadurch gebildete fortlaufende kalkfreie Verwitterungsrinde der Oberfläche ist also hier Lehm, dort reiner Sand, daneben wieder Lehm und bei der aus der Zeichnung ersichtlichen Schichtung an eine spätere Ueberdeckung mit einer ursprünglich kalkfreien besonderen Schicht nicht zu denken.

*) Die Diluvialablag. d. Mark Brandenburg p. 41 bis 47.

Fig. 6.
Thalgehänge der Dange bei Memel.
(Becker's Ziegelei.)

a, Spathsand oder nordischer Sand (kalkig).
q Geröllager. — *a* kalkfreier, a kalkhaltiger — Sand und Grand.
e Unterer (blauer) Diluvialmergel. — *o* Lehm, o Mergel — des Obern (rothen) Diluvialmergel.
x Abrutsche. — y Thalsohle. — l Schlick und Sand des Dange-Fluss.

Die Diluvialformation in ihrer Gesammtheit bildet nun zwar, wie sich aus den vergangenen Abschnitten mehrfach ergab, durchweg in der Tiefe die Unterlage sowohl der Süsswasserbildungen des ganzen Memel-Deltas, als der Flugsandbildungen der Nehrung (s. S. 17) und ebenso direkt oder unter dünner Bedeckung den Boden des dazwischen liegenden Haffes, unmittelbar in die Oberfläche tritt sie aber in der Umgebung des kurischen Haffes nur in den umkränzenden Plateaux und dem von diesem abgezweigten Memel - Windenburger Höhenzuge (Uebersichtskärtchen Taf. II). Da aber diese Plateaus gewissermassen nur den Rahmen des in den vorigen Abschnitten beschriebenen grossen Alluvialgebietes bilden, dessen Entstehungsgeschichte der zweite Theil dieser Abhandlung bieten soll, so rechfertigt sich dadurch auch eine mehr nur übersichtliche Darstellung ihrer Diluvialbildungen und bei Anführung von Einzelheiten der Lagerung eine Beschränkung auf das Memeler Plateau, welches in seiner Gesammtheit den 3 Sektionen angehört, zu deren Erläuterung dieser Theil gleichzeitig dient. Für Einzelheiten der beiden im Süden anstossenden Plateaus (Samland und Nadrauen) muss auf die in der Folge erscheinenden Erläuterungen der Sektionen 7 und 8 der geologischen Karte von Preussen verwiesen werden.

Oberes wie unteres, der Zeit nach also jüngeres und älteres Diluvium weisen, sowohl entschieden sandige als vorherrschend thonige Schichten auf, den Diluvialsand und den Diluvialmergel. Der Hauptsache nach lagern diese Schichten, örtliche Störungen, Aufbiegungen oder Anschwellungen einzelner derselben abgerechnet, horizontal. Die des oberen Diluvium machen jedoch mehrfach auch sanfte Wellungen der Oberfläche mit und steigen namentlich von der tiefer gelegenen Plateaukante bis zu der eigentlichen Plateauhöhe (s. S. 7) fast durchweg an. Es entstehen dadurch Neigungen dieser Schichten, die auf die Entfernung einer Meile oft 50 Fuss und selbst mehr betragen, aber auch nur eben durch Vergleichung so entfernter Punkte und vornehmlich in der an sich misslichen, aber bei kleinen Uebersichtsprofilen nicht zu vermeidenden Uebertreibung des Höhenmaassstabes (s. die Profile Fig. 7 und 8) die Abweichung von der Horizontalen erkennen lassen.

III. Oberes Diluvium.

Oberer Diluvialmergel (Lehmmergel): Lagerung und Verbreitung. — Zusammensetzung. — Zwei Arten desselben. — Lehmrinde.
Sand, Grand und Gerölle: Lagerung. — Unterscheidungsmerkmale. — Verwitterungsrinde. — Rückstandsbildung. — Verbreitung.

Der obere Diluvialmergel,

im gewöhnlichen Leben vielfach Lehmmergel genannt, bildet die Hauptmasse des jüngeren Diluviums. Er kommt fast überall zum Vorschein, wo Thaleinschnitte, Schluchten und kleine Wasserläufe den das Memeler Plateau, wie unter Alt-Alluvium bereits geschildert, zum grossen Theil bedeckenden Haidesand durchschnitten haben oder Kuppen aus demselben hervorragen. Auf der eigentlichen Plateauhöhe nach Russland hinein bildet er im Allgemeinen die Oberfläche und ebenso, von Haidesand unbedeckt, die eigentliche Höhe des Memel-Windenburger Höhenzuges.

Nadrauen und Samland, das ihn gleichfalls der Hauptsache nach an der Oberfläche zeigt, übergehend, tritt er in dem eigentlichen Alluvialgebiete des Haffes noch zu Tage oder wird nur von wenigen Fuss Sand und namentlich Grand bedeckt, in den meist langgestreckten kleinen Diluvialinseln des Grossen Moosbruch. So wurde er bereits angetroffen in der N.-W. Ecke desselben unter dem Grande zweier kleiner Inseln am Nemonienstrome und am Friedrichsgraben, bildet den Kern der langen Diluvialinsel des Dorfes Lauknen und ebenso der kleineren des Dorfes Mauschern mitten in diesem Moosbruch. Ist mit Sicherheit auch in dem Grandhügel der sogenannten Schweisssutt nahe dem S.-W. Rande und in dem Pilzenhügel bei Sussemilken zu erwarten und tritt völlig wieder zu Tage in einigen inselartigen Höhen längs des Medlaukne-Flusses.

Seiner Zusammensetzung nach ist er ein Gemenge von Sand, Thon und kohlensaurem Kalk. Es lassen sich vorwiegend zwei Ausbildungen desselben unterscheiden, zwischen denen Uebergänge aber durchaus nicht ausgeschlossen sind. Entweder ist der Sandgehalt sehr bedeutend, ca. 50 bis 80 pCt., in welchem Falle er mit Grand, Geröllen und grossen Geschieben in der Regel innig gemengt ist und meist eine röthlich-gelbe oder grünlich-graue Farbe zeigt, oder er erscheint auffallend fetter von 50 bis nur 30 pCt. und zwar meist feinerem Sandgehalt herab mit entschieden rother Farbe und wenig oder gar keinen, wenigstens keinen grösseren Steinen. Letzterer Art gehört der Hauptsache nach der

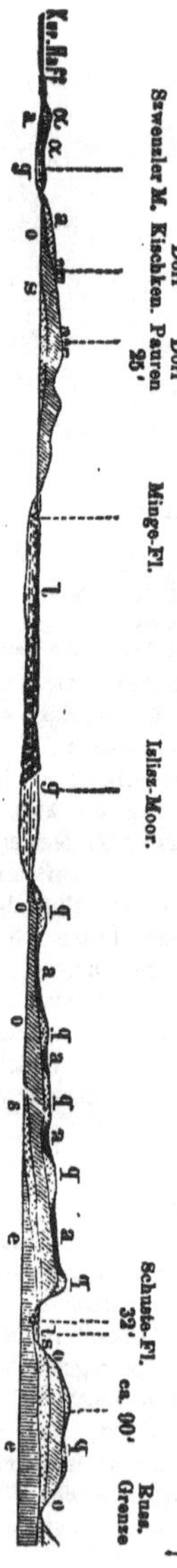

Fig 7.
Profil durch den Windenburger Höhenzug und die Plateau-Abdachung, in W.-O. Richtung bis zur russischen Grenze.

Jüngeres Alluvium. l Schlick und Sand der Flüsse. g Moosbruch. α Dünensand.
Aelteres Alluvium. a Haidesand mit Fuchserde.
Oberes Diluvium. q Sand und Grand mit Geschieben. o Oberer (rother) Diluv.-Mergel.
Unteres Diluvium. s Sand und Grand. e Unt. (blauer) Diluv.-Mergel.

Diluvialmergel des Memeler Höhenzuges an. Vielfach bildet diese rothe fettere und steinarme Ausbildung auch nur die oberste Schicht und geht in einigen Fuss Tiefe in die gewöhnlichere Art über. In diesem Falle kommen oft Uebergänge des ersteren in ein fast als rother geschiebefreier Thon zu bezeichnendes Gebilde vor.

Beide Arten, je nachdem sie die Oberfläche bilden, zeigen dieser zunächst, dem oben (S. 42) Gesagten entsprechend, ihre mehr magere oder fettere Lehmrinde, der aller Gehalt an kohlensaurem Kalk bereits fehlt. In ursächlichem Zusammenhange mit der Bildungsweise dieser Verwitterungsrinde und gleichzeitig in einigem Verhältnisse zu dem Vermögen, Wasser durchzulassen, ist dieselbe bei dem fetteren Diluvialmergel geringer, oft nur 2 und 3 Fuss, bei dem mageren grösser, bis 6 und selbst 8 Fuss tief. Wo in jüngster Zeit erst Abspülungen stattgefunden haben, wie auf einzelnen Kuppen oder fast in der ganzen abgespülten Schaakenschen Ebene längs des südlichen Haffrandes ist die Lehmrinde auch wohl noch flacher. In letztgenannter Gegend wird sie oft auf weite Strecken mit den Gräben regelmässig schon in $1^1/_2$ bis 2 Fuss Tiefe durchschnitten.

Sand, Grand und Gerölle

bedecken den oberen Diluvialmergel an verschiedenen Stellen und vertreten ihn zuweilen, wenn auch nur selten. Aber Sand und Grand bilden weniger eine zusammenhängende Schicht, wenigstens nicht auf längere Erstreckung hin als vielmehr grössere oder kleinere, bald langgestreckte oder mehr kreisrunde, bald höhere oder ganz flache und weithin ebene Anhäufungen auf der Diluvialmergelschicht.

Wo der Haidesand des älteren Alluviums, was jedoch selten, sie wieder bedeckt, oder Fuchserde, was noch seltener, sich an der Oberfläche in ihnen selbst gebildet hat, kann die Begrenzung beider oft äusserst schwierig werden. In der Regel ist ihre Unterscheidung jedoch leichter. Im Ganzen fehlt diesen diluvialen Sanden der grobe Grand nicht, der meist die Hauptmasse und die oberste Schicht bildet. Gerölle und grössere Geschiebe kommen häufig auf und in ihm vor, Fuchserde fehlt der Regel nach gänzlich. Dafür ist, namentlich den Granden, ein starker Kalkgehalt, sowohl in Gestalt weisslichen Ueberzuges, als in ganzen Kalkkörnchen und Steinchen eigenthümlich und dient als sicheres Unterscheidungsmerkmal auch der begleitenden Sande vom Haidesande. Je grösser der Kalkgehalt des Grandes ist, je deutlicher und schon durch die Farbe aus der Ferne erkenntlich

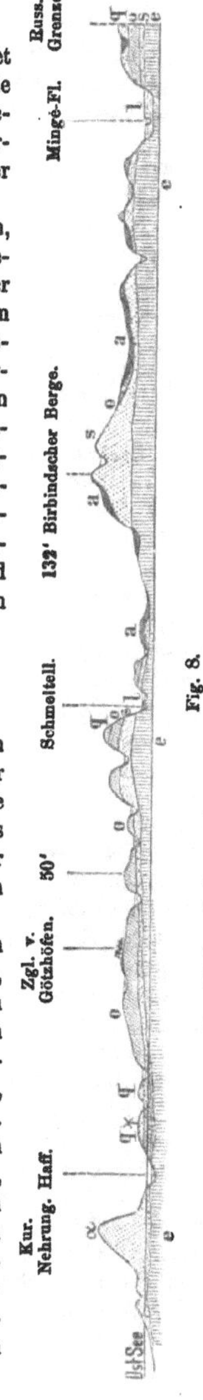

Fig. 8.
Profil durch den Memeler Höhenzug und die Birbindscher Berge, in W.-O. Richtung bis zur russischen Grenze.

Jüngeres Alluvium. 1 Schlick und Sand der Flüsse. g Moosbruch.
Aelteres Alluvium. s Haidesand mit Fuchserde. a Dünensand.
Oberes Diluvium. q Sand und Grand mit Geschieben. o Oberer (rother) Diluv.-Mergel.
Unteres Diluvium. s Sand und Grand. e Unt. (blauer) Diluv.-Mergel.

markirt sich die auch hier naturgemäss nie fehlende Verwitterungsrinde, in der nicht nur der weissliche Ueberzug ausgelaugt, sondern auch die Kalksteinchen völlig verwittert sind, während die Ausscheidung von Eisenoxydhydrat diesen oberen ca. 1 bis 3 Fuss seine Rostfarbe mittheilt.

Dieser Sand und Grand ist ebenso, wie die schon oben (S. 40) besprochenen Geröll- und Geschiebelager der Hauptsache nach nur als Rückstand an Ort und Stelle oder in der Nähe bei Schluss der Diluvialzeit bereits wieder zerstörter Diluvialschichten zu betrachten. Der obere Diluvialmergel selbst lieferte meist das Material hierzu. Seine Steine blieben als Geröllager dicht auf einander gehäuft zurück, während Grand und Sand schon weiter fortgeführt wurden und die thonigen Bestandtheile erst in ruhigem Wasser zum Absatz gelangen konnten.

In der vorliegenden Gegend finden wir diese Rückstandsbildungen daher auch, die abgeschwemmten Theile des Samlandes (Sect. 7) und Nadrauens unberücksichtigt lassend, vorzüglich in der gegen Ende der Diluvialzeit ihren Höhenverhältnissen gemäss nothwendig noch lange einen tief einschneidenden Busen, anfänglich sogar wahrscheinlich eine diluviale Meerenge mit starker Uferströmung bildenden Einsenkung zwischen dem Memeler Höhenzuge und dem zur russischen Grenze aufsteigenden Plateau.

Wer von Memel kommend von dem Rücken des genannten Höhenzuges, sei es nun von seiner grössten Höhe hinter Bachmann nach Gündullen hin oder auf der Chaussee vor Clausmühlen, auf der grossen Landstrasse oberhalb Miszeiken, oder auch weiter südlich von der langhin auf dem Rücken verlaufenden Tilsiter Chaussee aus, bei Dumpen und Mitzken die östlich in der Tiefe gelegene weite Ebene überschaut, aus der nur inmitten die Birbindscher Berge wie eine kleine Berginsel herausragen, während jenseit die überall ansteigende Höhe des Plateaus nach der Grenze zu einen festen Abschluss bildet, der kann sich auch, ohne Geologe zu sein, des Eindruckes kaum erwehren, dass dort unten der halbwege trockene Boden eines grossen Sees, einer früher weiten Wasserfläche vor ihm liegt. Sein Gefühl täuscht ihn nicht. Wo nicht der Haidesand der noch späteren Wasserbedeckung ihn verdeckt, blickt der eigentliche, meist grobgrandige diluviale Seeboden hervor oder wo Strömungen auch ihn nicht liegen liessen, zeugen doch die mächtigen Steinmassen, vielfach direkt über den Schichten des unteren Diluviums lagernd, von der Wirkung der Gewässer und zugleich von den Grenzen ihrer Macht.

Ebenso, seiner Höhenlage halber nur weniger grandig, lagert dieser Sand auf der schwachen, bei seinem Absatze theilweise erst entstandenen Einsenkung des Memeler Höhenzuges bei Prökuls nördlich bis Dittauen hin, bedeckt ferner, wieder grobgrandig, neben dem Haidesande zum Theil den Fuss dieses Höhenzuges nach Memel zu und ragt in langgestreckten schwachen Bodenerhebungen mehrfach aus dem jüngeren Alluvium des Vorlandes zum Haffe hin heraus.

Aber auch weiter südlich auf dem Memeler Plateau oder besser der Abdachung des grossen Plateaus von Samogitien nach Heidekrug zu und, meist randlich, über Szameitkehmen hin den Memelstrom aufwärts lagern diese Anhäufungen von Sand und Grand oder ausgewaschen liegen gebliebenen Steinmassen vielfach. Theils erscheinen sie als Randbildungen der allgemeinen Höhe zur Niederung des jetzigen Deltas, theils als solche auf der Höhe des Uferrandes der grösseren wie der kleineren Fluss- und selbst oft jetziger Bachthäler, die besprochene Art ihrer Entstehung offenbar beweisend. Als besten Beleg nenne ich nur die Grand- und Geröllaufschüttung der Plateaukante unterhalb Tilsit über Splitter bis Linkuhnen hin, die sich schon beim Tilsiter Bahnhof kenntlich genug macht. Von den Anhäufungen todten Kalkes in derselben war schon auf S. 40 die Rede.

Südlich des Deltas und des Haffes, namentlich in der Schaakenschen und Labiauschen Ebene kommen diese Sand- und Grandanhäufungen ganz besonders in Gestalt flacher, runder Kegelberge auf der fast horizontal gespülten Fläche des Diluvialmergels vor, gehören hier aber eben bereits dem Samlande oder Nadrauen an.

Innerhalb des Deltas selbst bildet dieser kalkige Sand und Grand die Decke der schon erwähnten kleinen Diluvialinseln von Lauknen, von Mauschern u. s. w. im oder am Grossen Moosbruch (s. S. 44).

IV. Unteres Diluvium.

Unterer Diluvialmergel (Schluffmergel): Unterscheidungsmerkmale. — Verbreitung. — Geschiebefreier Thon.

Mergelsand: Zusammensetzung. — Verbreitung.

Spathsand oder nordischer Sand: Zusammensetzung. — Uebergang in Glimmersand. — Lagerung und Verbreitung. — Bergbildung.

Das untere Diluvium, in seiner Hauptmasse bestehend aus dem unteren (blauen) Diluvialmergel und ihm auf- und eingelagertem Diluvialsand, tritt nur zu Tage, wo Einschnitte der Thäler und Schluchten das überlagernde jüngere Diluvium durchschnitten haben oder frühere Fortspülungen dieses Letzteren an den Rändern zum Delta und auf der Nehrung es entblösst haben. In ihrer Gesammtheit beweisen aber alle diese, wenn auch oft nur dürftigen Aufschlüsse, dass die Schichten des unteren Diluvium, örtliche Störungen abgerechnet, in ziemlich regelmässigem Zusammenhange und gleicher oder ähnlicher Lagerung den Kern der sämmtlichen an das kurische Alluvialgebiet anstossenden Plateaus und ebenso die direkte Unterlage dieses Gebietes selbst bilden.

Der untere Diluvialmergel,

in der Provinz vielfach auch unter dem Namen Schluffmergel bekannt, gleicht in der Zusammensetzung völlig der mehr als mager und geschiebereich beschriebenen Art des oberen Diluvialmergel. Er unterscheidet sich jedoch ausser durch die in erster Reihe massgebende Lagerung von diesem in der Regel durch eine in trockenem Zustande blaugraue, feucht aber tief graublaue bis fast schwarzblaue Färbung. Meist äusserst fest und zähe, so dass er, bei Brunnengrabungen oder in Mergelgruben getroffen, „mit der Pieke gehauen werden muss", wie der für ihn stehende Ausdruck lautet, bildet er in seinen extremsten Ausbildungen bei bedeutend vorwiegendem Sand- und geringem Thongehalt oft einlagernde, in Folge ihres Wassergehaltes von selbst zerfliessende und dadurch wieder andrerseits technische Schwierigkeiten bietende Schichten und trägt in dieser Gestalt in Ostpreussen ganz besonders den Namen Schluff.

Ausser in Thaleinschnitten, wo die geologische Karte ihn vielfach zeigt und verschiedentlich am Rande des Plateaus zur Niederung tritt er stellenweise zu Tage in der schon mehrerwähnten Plateau-Einsenkung zwischen dem Memeler Höhenzuge und der russischen Grenze. So bei Birbindschen, bei Kischken, bei Löbardten, Ilgejahnen und nach Zenkuhnen zu; liegt aber auch im Ganzen hier, selbst wo ihn jüngeres Diluvium bedeckt, nicht sehr tief. Unter dem Memeler Höhenzuge erhebt auch er sich einigermassen, denn Einsenkungen auf der Höhe desselben, wie bei Buddricken und Broszienen, erreichen ihn mehrfach. In Memel ist der Hauptsache nach der ganze Winterhafen in ihm ausgehoben.

Zuweilen fehlt aber auch auf einige Erstreckung das jüngere Diluvium über ihm gänzlich. In der Gegend von Heidekrug erreichen ihn unweit des Plateaurandes Gruben vielfach direkt unter dem älteren Alluvialsande, dem Haidesande. In gleicher Weise lagert er in dem südlichen Theile der Nehrung, wo er, wie S. 17 bereits beschrieben, längs des Seeabhanges von Cranz bis Sarkau zum Vorschein kommt. Ganz unbedeckt bildet er endlich die Diluvialinsel von Rossitten inmitten des Dünensandes der Nehrung, wo er mit ca. 12 Fuss hohen Steilufern zum Haff abbricht und unter dem Flugsande auch an der Seeküste dem aufmerksamen Beobachter nicht entgeht.

Der geschiebefreie Thon, das der fettesten Ausbildung des oberen Diluvialmergel entsprechende, völlig steinfreie, oft feingeschichtete Gebilde des unteren Diluviums kann hier füglich ganz übergangen werden, da ein deutliches oder bemerkenswerthes Vorkommen desselben innerhalb des Memeler Plateau sich kaum finden lassen würde.

Mergelsand.

Der Mergelsand bildet einen entschiedenen Uebergang des ebengenannten als Diluvialgebilde selbstredend auch nie kalkfreien Thones zum Sande. Bei gänzlich zurücktretendem Thongehalt ist der in der Zusammensetzung bei Weitem die Hauptmasse bildende Sand so fein, dass das ganze Gebilde vermöge des noch namhaften Kalkgehaltes dennoch völlig plastisch erscheint. Auch im Ansehen unterscheidet es sich wenig von feinsandigen Thonschichten, mit denen es auch die feine schieferartige Schichtung gemein hat und nur bei höchst sorgfältigem, schwer ausführbarem Abschlemmen überzeugt man sich, dass man es fast nur mit feinem Sande zu thun hat.

Der Mergelsand tritt namentlich an einigen Stellen der Heidekrüger Gegend deutlich auf. So bildet er zum Theil die Gehänge des Tenneflusses bei Eidathen und kommt nahe diesem Flusse bei Witullen und an der Alk in der Tiefe der kleinen, von Haidesand bedeckten Hügel zum Vorschein. Auch in der Gegend von Heideberg unweit Szameitkehmen findet er sich und ist weiter aufwärts am Memelstrome in den Gehängen, z. B. am Rombinus und am Fusse der Engelsburg bei Tilsit mehrfach bekannt An letztgenanntem Punkte wird er sogar zum Gebrauche als Formsand für Tilsiter Eisengiessereien gewonnen.

Diluvialsand.

Der eigentliche Diluvialsand, als Spathsand oder nordischer Sand bezeichnet, ist der Hauptsache nach Quarzsand, der sich jedoch durch seine ihm charakteristischen fleischrothen Feldspathkörnchen unschwer von tertiären Sanden unterscheiden lässt. Ein zweites Merkmal, das ihn, wenn vorhanden, mit grosser Sicherheit von tertiärem sowohl, als von alluvialem Sande unterscheidet, ist sein, wenn auch geringer (1 bis 3%) Kalkgehalt. Wo er aber ohne Bedeckung des oberen Diluvialmergels zu Tage liegt, ist, gemäss des Eingangs besprochenen Verwitterungsprozesses dieses Kennzeichen allerdings bereits verloren gegangen und zwar bei der leichten Durchdringbarkeit und dem geringen Kalkgehalte oft bis in grosse Tiefe.

Als untergeordnete Gemengtheile finden sich in ihm die den tertiären Sanden der samländischen Bernsteinformation eigenthümlichen dunkelgrünen, traubigen Glaukonitkörnchen, und zuweilen in ziemlicher Menge schwarze Körnchen eines noch immer nicht hinlänglich untersuchten Minerales, wahrscheinlich Trümmer eines Hornblendegesteins, die sich zuweilen auch deutlich als jenes aus dem Streusande bekannte Titan- und Magneteisen zu erkennen geben.

Durch Aufnahme von Glimmerblättchen geht der Spathsand in den besonders zu unterscheidenden Glimmersand über, ist in diesem Falle aber stets sehr feinkörnig. In Folge dessen sind die rothen Feldspathkörnchen meist nur äusserst schwer noch zu erkennen, treten auch oft an sich noch bedeutend zurück, so dass wenn durch Verwitterung auch der geringe Kalkgehalt bereits zerstört ist, ein Verwechseln mit Tertiär-, namentlich Braunkohlensanden sehr nahe liegt und erst durch längere Uebung vermieden wird. In der vorliegenden Gegend tritt er, so viel mir bekannt, nirgends in bemerkenswerther Menge auf. Am ehesten zeigen sich hier noch Uebergänge desselben zu dem oben erwähnten Mergelsande und musste er desshalb Erwähnung finden.

Zum Spathsande oder nordischen Sande zurückkehrend, so findet sich derselbe in regelmässiger Schichtung sowohl über, als unter und zwischen dem unteren Diluvialmergel, ist somit als völlig gleichaltrig mit diesem zu betrachten. Den unteren Diluvialmergel überlagernd und denselben in durchgehender Schicht vom oberen trennend, dient er als vortreffliche Grenzscheide beider Formations-Abtheilungen, wie beispielsweise längs fast des ganzen linken Deime-Ufers von Tapiau abwärts oder andrerseits längs des Memeler Höhenzuges an seinem Steilabfalle zur Schmeltelle deutlich sichtbar. Das Profil Fig. 6 auf Seite 43 zeigt ihn in ähnlicher Weise im Abhang des Dange-Thales. Wo abgerutschte Massen des Berggehänges die Schicht an solchen Stellen auch häufig bedecken, bleibt sie dennoch, weil ihrer Lage zwischen zwei undurchlassenden Schichten nach fast stets wasserführend, vielfach durch sogenannte Sprindstellen (quellige Stellen) unverkennbar.

Nicht selten keilt sich die Sandschicht jedoch aus, (erreicht dünner und dünnerl werdend ein Ende), fehlt dann auf kürzere oder längere Erstreckung zwischen dem Diluvialmergel und legt sich erst weiterhiu von neuem an. Andrerseits schwillt ihre Mächtigkeit (Dicke) auch streckenweise von einigen Fuss sehr schnell bis zu 40 und 50 Fuss an. Es sind dies in der Regel die Stellen, wo entschiedene Anhöhen, meist kegelartige Kuppen, die sonst nur sanft wellige Plateauhöhe unterbrechen. Entweder ist der Sand auch hier von der allgemeinen Decke des oberen Diluvialmergels bedeckt oder der Sandberg durchragt diese Decke und kann dann leicht mit ähnlichen, meist nur flacheren Anhäufungen des jüngeren Diluviums auf dem oberen Diluvialmergel verwechselt werden. Bei nicht genügend aufgeschlossener Lagerung giebt dann nur die durchweg grandigere Ausbildung, die Mengung mit Geröllen und, in der vorliegenden Gegend speziell, auch der bedeutendere Kalkgehalt dieser letztgenannten, jüngeren Sandanhäufungen einigen Anhalt.

Als bestes Beispiel einer solchen Durchragung des Diluvialsandes durch den oberen Diluvialmergel führe ich nur an die schon erwähnten Birbindscher Berge inmitten der Plateausenke östlich Memel, welche auch in dem Profil, Fig. 8 auf Seite 45 durchschnitten sind.

Zweiter Theil.

Versuch einer Geogenie

oder

Entstehungs- und Fortbildungsgeschichte

des kurischen Haffes und seiner Umgebung.

Einleitung.

Noch nach der Diluvialzeit weit grössere Wasserbedeckung. — Gründe für mehrfache Bodenschwankungen zur Alluvialzeit. — Prof. Schumann. — Sich ergebende Eintheilung nach alluvialen Perioden.

Als Ausgangspunkt für den Zweck des folgenden zweiten Theiles dieser Lokal-Geologie, für die Entstehungsgeschichte des kurischen Haffes und seiner Umgebung dient naturgemäss zuvörderst wieder der gegenwärtige Zustand dieser Gegend. Fassen wir also von diesem Gesichtspunkte das aus dem ersten Theile gewonnene Bild in einen möglichst engen Rahmen zusammen! (Siehe Uebersichtskärtchen Taf. II).

Nach Westen, besser Nordwest, nur durch den schmalen, aber hoch aufgeschütteten Sandstreifen der kurischen Nehrung von der See getrennt, geht das Haff nach Osten fast unmerklich über in die grosse, bis nahezu Tilsit sich hinaufziehende Ebene des Memel-Delta. Denn da sich dieselbe nur um wenige Fuss über das Maximum des mittleren Wasserstandes erhebt, so bildet sie bei eintretenden Stauwinden, zum Theil auf weite Strecken, eine Wasserfläche mit dem Haff. Aus dieser ragen dann die kleinen langgestreckten Anhöhen des älteren Alluvialsandes und zum Theil die bereits mehr erhöhten Flussufer wie Inselketten hervor, dicht bedeckt mit den nur hier vor den Fluthen einigermassen sicheren und daher dicht gedrängten menschlichen Wohnungen. Beide, die Dünenkette der Nehrung, wie die Moor- und Schlickbildungen des Memel-Delta gehören dem Alluvium an, existirten also vor, geologisch gesprochen, nicht langer Zeit noch nicht. Statt ihrer ist also zu irgend einem Zeitpunkte der Alluvialperiode unbedingt eine weite Wasserfläche zu setzen. Aber auch gegen NO. und gegen S., wo der Hauptsache nach ältere, der Diluvialformation angehörende festere Bildungen die eigentliche Grenze des kurischen Haffes bilden, sind diese namentlich im Süden auf ziemliche Erstreckung landeinwärts derartig vom Wasser abgespült, dass sie eine weite, nur wenig über den höchsten Wasserspiegel des Haffes hervorragende Vorebene bilden, die, wenn auch jetzt nicht mehr direkt von den Wassern des Haffes überschwemmt wird, so doch bei eintretenden Stauwinden durch die mit sehr geringem Gefälle sich hindurchwindenden Bäche selbst zum Theil unter Wasser gesetzt wird.

Die ganze Umgebung des Haffes deutet somit darauf hin, dass die Grenzen der Wasserbedeckung noch innerhalb der Periode der Alluvialzeit um ein bedeutendes weiter landeinwärts gelegen haben; ja der deutliche, ziemlich plötzlich abfallende Rand der ausserhalb der heutigen Delta-Bildungen und der flach abgespülten Vorebene aufsteigenden Plateaux lässt noch ziemlich sicher diese alten Grenzen der früheren Wasserbedeckung erkennen. Andrerseits beweist aber auch ein noch heute unter dem Wasserspiegel nachweisbarer alter Uferrand und mehrfache andre hernach näher zu besprechende Umstände, dass der Boden des heutigen Haffes früher bereits zum Theil trocken gelegen; seit der hiezu erforderlichen Hebung des Landes also schon wieder eine Senkung stattgefunden hat.

Es ist natürlich, dass Bodenschwankungen der Jetztzeit, vornehmlich die äusserst langsamen, säcularen Hebungen und Senkungen, mit denen wir es erwiesener Massen in unseren, d. h. den Ostseegegenden überhaupt, soweit bis jetzt bekannt, allein zu thun haben, am ehesten und sichersten in unmittelbaren Küstengegenden zu beobachten sind. „Seit Leopold von Buch in Folge seiner Reise durch die skandinavische Halbinsel das gewichtige Wort gesprochen, vor dem Celsius und andre Naturforscher des Nordens, trotzdem sie längst das Zurückweichen des Meeres an den dortigen Küsten beobachtet und festgestellt hatten, noch erschrocken zurückgebebt, „der skandinavische Norden hebt sich", hat man sich mit dem Gedanken, dass selbst das feste Land unter unsern Füssen auch jetzt noch nicht zur Ruhe gekommen, vertrauter gemacht", hat man etwas mehr auf derartige Erscheinungen in Küstengegenden geachtet. Auch die Schwankungen unserer heimischen Küste hat ein kleiner aber gewichtiger Aufsatz Prof. Schumann's, dem ich obige Worte entlehnt,*) mit besonderem Scharfblicke erkannt und gesondert, und ich bekenne gern, bei meinem heutigen Versuche, nur in die Fusstapfen dieses Vorgängers zu treten. Sollte es mir gelingen, dabei weiter in die Geheimnisse der Vorzeit einzudringen, so ist dies weniger mein Verdienst, als gewissermassen meine Pflicht nachdem mir auf diese Weise bereits der Weg gebahnt war, in Gegenden, die meiner speziellen Beobachtung in der letzten Zeit unterlegen haben.

Schumann kommt in dem angeführten Aufsatze zu dem Ergebniss, dass die Formen- und Lagerungs-Verhältnisse unserer preussischen Küste, ins Besondere auch des kurischen Haffes, eine Hebung derselben in zwei Absätzen und eine darauf folgende Senkung erkennen lassen, welche letztere augenblicklich bereits beendet und einer neuen Hebung gewichen zu sein scheine. Die zum Beweise angeführten Beobachtungen fand ich bei Gelegenheit der Kartenaufnahmen im vorigen Jahre vollständig bestätigt, nur zwingen mich die eignen fortgesetzten Beobachtungen zu einer wesentlichen Erweiterung der daraus gezogenen Schlüsse. Sie zwingen, wenigstens im Bereiche des kurischen Haffes, zum Erkennen noch einer, die erste und zweite Hebung trennenden früheren Senkung, so dass sich in Folge dessen ein zweimaliges Auf und Nieder ergiebt, dem gegenwärtig möglicher Weise bereits eine beginnende Hebung folgt.

Mag vielleicht Manchem schon die Annahme Schumann's gewagt erscheinen und um so mehr also noch eine hinzutretende Senkung mit Bedenken erfüllen, so spricht für erstere jedoch schon die unbedingte Bestätigung des einen Beobachters durch den andern und dürften zwei von meilenweit und durch das kurische Haff selbst getrennten Punkten entnommene Profile (siehe Fig. 9 und 10) selbst am Besten geeignet sein, die wirklich stattgehabten Bodenschwankungen in helles Licht zu setzen.

---

*) Pr. Prov.-Bl. 3 Folge, Bd. IX, Heft 1. Ueber Hebung und Senkung der südlichen Küste des baltischen Meeres.

Fig. 9.
See-Ufer der kurischen Nehrung
zwischen Cranz und Sarkau.

Fig. 10.
Haff-Ufer bei Windenburg.

α Dünensand. a Aelterer Alluvial-Sand (Haidesand). e Diluvium (Diluvialmergel)
b Fuchserde in demselben.
c Moostorfschichten in demselben.

An beiden Punkten, bei Windenburg sowohl, als unter der Sarkauer Forst, beweisen unmittelbar über dem diluvialen Boden wechsellagernde Moos- und Sandschichten:

a) zunächst eine erste Hebung der unter Wasser gebildeten Diluvialschichten mindestens bis in das Wasser-Niveau, wodurch der genannte Pflanzenwuchs überhaupt erst möglich wird;
b) eine darauf folgende allmälige Senkung, bei der diese zur Entwicklung gekommene Moosdecke Anfangs periodisch immer von Neuem unter Wasser gesetzt und endlich mit einer mehrere Fuss mächtigen Sandschicht völlig bedeckt und erstickt wurde;
c) eine zweite Hebung, ohne welche diese unter Wasser gewesene Sandschicht (siehe unten Bildung der Fuchserde) nicht in der heutigen, etwa 10 Fuss den Meeres- und Haffspiegel überragenden Lage denkbar.

Dazu kommt, dass historische Nachrichten und Funde

d) eine bis in die letzten Jahrhunderte fortgesetzte, also unzweifelhaft jüngere abermalige Senkung beweisen, welche durch den in ungefähr 200 bis 300 Ruthen Entfernung im Haff den Fischern und Anwohnern wohl bekannten alten Uferrand nicht nur anderweitig bewiesen, sondern sogar messbar wird.

Ob, wie Schumann*) noch annehmen zu müssen meinte, die vom Ober-Bau-Direktor Hagen**) angestellten Vergleiche der Pegelmessungen während der Jahre 1811 bis 1843 wirklich andeuten, dass

e) seit Beginn dieses Jahrhunderts eine fast unmerkliche, etwa auf ½ Fuss im Jahrhundert anzuschlagende Hebung begonnen,

muss erst durch fortgesetzte Beobachtungen entschieden werden. Unter Hinzuziehung der mit grösserer Genauigkeit fortgesetzten neueren Pegelmessungen, soll auch dieser Punkt in der Folge in Erwägung gezogen werden. Für jetzt spricht mindestens ebensoviel gegen diese Annahme.

Suchen wir uns das Bild des Landes während der genannten Perioden mit Hilfe geognostisch-topographischer Bodenkenntniss nun zu vergegenwärtigen.

*) a. a. O.
**) Monatsberichte d. Berl. Akad. 1844.

I.

Erstes Emportreten des Landes nach der Diluvialzeit.

Grenze der Diluvial- und Alluvialzeit. — Die heutige Nehrungsküste ist der Hauptabfall des Landes. — Das feste Land reichte zu Ende der Diluvialzeit mindestens bis zu diesem. — Beweise dafür. — Nothwendigkeit einer späteren Ausspülung. — Desgl einer bereits höheren Lage des Landes. — Ungefähres Bild des damaligen Tilsiter Haffes (Kärtchen 1 auf Taf. III.). — Widerlegung naheliegender Einwürfe und Feststellung der Fehlergrenze des Kärtchens.

Es könnte hier zunächst vielleicht die Frage aufgeworfen werden nach der in ihrer Existenz oft angezweifelten Grenze zwischen Diluvium und Alluvium überhaupt. Ein Uebergang besteht allerdings der Zeit nach zwischen beiden, wie aber nicht minder zwischen älteren Formationen auch, insofern als für die zuerst dem Wasserspiegel entsteigenden Landstrecken die Diluvialzeit bereits ihr Ende erreicht hatte, während sie in den von Wasser bedeckten Strichen noch lange Zeit hindurch fortdauerte. In den bis heutigen Tages etwa beständig unter Wasser gebliebenen Strecken mag vielleicht — obgleich auch dieses noch keineswegs feststeht, — der Uebergang zwischen den damaligen und den jetzigen, den diluvialen und den alluvialen Meeresbildungen ein so allmäliger sein, dass die Grenze schwer bestimmbar. Soweit diluviales Land aber heute dem Meeresspiegel sich enthoben hat — und soweit ist es unserer Beobachtung ja gegenwärtig nur zugänglich und kann es also an dieser Stelle auch nur in Betracht gezogen werden — trat mit dem ersten Erscheinen über dem Wasserspiegel eine völlig neue, scharf abgegrenzte Periode mit sehr merklich und bestimmt, wenigstens in ihrer Gesammtheit unterscheidbaren Gebilden ein. Auf diese Weise ist also eine scharfe Trennung zwischen Diluvial- und Alluvial-Gebilden durchführbar und geboten. Dann aber ist auch die Berechtigung gegeben, wenigstens für bestimmte Lokalitäten auch von einer Diluvial- und Alluvialzeit derselben zu sprechen.

Welcher Gestalt die hiesige Seeküste unmittelbar nach dem ersten Emportreten des Landes aus den Fluthen des Diluvialmeeres gewesen, mag zunächst dahin gestellt bleiben; ebenso wenig soll hier die Lösung der Frage versucht werden, ob die Bildung der Hauptgrundform unsrer heutigen Küstenlinie sich allmälig entwickelt oder in Folge des plötzlichen Andranges der bei den Alands-Inseln zu dieser Zeit durchgebrochenen Wasser des heutigen bottnischen Meerbusen sich die flache Bucht ausserhalb der kurischen Nehrung zwischen Polangen und Brüsterorth, ebenso wie die noch tiefer hineingewühlte Danziger Bucht unsrer Ostseeküste gebildet hat.

Soviel aber steht fest, dass der eigentliche Abfall des Landes schon damals nicht rückwärts, d. h. nicht östlich der Küstenlinie der heutigen kurischen Nehrung gelegen, das kurische Haff somit durch Abschwemmung allmälig dem Lande verloren gegangenes Areal ist, nicht als eine erst durch Anschwemmung verflachte und so dem Meere abgerungene Bucht betrachtet werden kann.

Es beweist, dass der noch heutigen Tages sich erst ausserhalb der kurischen Nehrung zeigende stärkere Abfall des Meeresbodens, der schon bei 25, im Maximum 125 Ruthen Entfernung mit 18 Fuss die überhaupt grösste Tiefe des kurischen Haffes erreicht und ziemlich gleichmässig fallend bei kaum 1 Meile Entfernung bereits 100 Fuss erreicht hat, wie beistehendes Profil ergiebt und nicht minder aus den Profilen auf Taf. VI. zu ersehen ist, obgleich dieselben, weil zu einem andern Zwecke entworfen, sämmtlich von W. nach O., also unter einem spitzen Winkel auf die Nehrungsküste zu gezogen sind und deshalb die Abdachung des Seebodens um ein gut Theil sanfter erscheinen lassen als wirklich der Fall.

Fig. 11.

Der Beweis ist zwar an sich noch nicht schlagend, wohl aber in Verbindung mit dem Umstande,

> dass die den Fuss der Küste, südlich wie nördlich der kurischen Nehrung, bildenden Diluvialschichten auch diesem ganzen Abfalle und der darauf aufgethürmten Dünenkette der Nehrung ihren Halt geben, dass ferner dieselben Diluvialschichten in verhältnissmässig sehr geringer Tiefe auch unter dem Spiegel des Haffes fortstreichen und endlich diese Schichten dem unteren Diluvium angehören, während die weiteren Umgebungen des Haffes doch beweisen, dass die allgemein darauf lagernden jüngeren Diluvialschichten auch hier einst ausgebildet gewesen.

Der Nachweis dieser drei Punkte wird somit nächste Aufgabe sein. Dann aber sind wir auch unbedingt berechtigt, da andrerseits für die Existenz weiter Landstrecken ausserhalb, d. h. westlich der Nehrung gar kein Anhalt gegeben ist, die heutige Seeküste der Nehrung auch als den ältesten, wenn auch durch das langsame Nagen der See gegenwärtig in etwas zurückgerückten wirklichen Uferrand des Landes zu Beginn der Alluvialzeit anzunehmen.

Ein Saum kleiner, bis über handgrosser, durch stete Bewegung in dem Sande flach geschliffener Steinchen in der heutigen Schälung der See lässt sich nämlich mit geringen Unterbrechungen längs der ganzen Nehrung verfolgen. Dass diese Steinchen aber auch der Küste selbst, der Unterlage der Nehrung entstammen, kann dem nicht zweifelhaft sein, der längs der benachbarten Küsten, namentlich des Samlandes, wo die Kartenaufnahmen solches bereits in helles Licht gestellt haben, sich die Mühe nimmt, zu beobachten, wie übereinstimmend mit den am Ufer anstehenden Schichten der Steingehalt des Strandes wechselt oder ganz fehlt. Es ist dies ein Beweis, dass der Strand wenigstens dieser, wie aber auch der meisten Küstenstriche, sein Material nur aus dem anstehenden Ufer entnommen oder noch stetig entnimmt.*) Demnach ist, wo das Ufer flach und durch Versandung verdeckt, ebenso gut der umgekehrte Schluss gestattet und aus dem Steingehalt des Strandes auf die über Wasser

*) Von grossem Interesse war mir und dient manchem Leser vielleicht zur weiteren Ueberzeugung, die nachträglich zufällig gelesene Schilderung der Nilmündungen „Aus dem Orient“ 1867, pag. 174 ff. Prof. Fraas betont hier mehrfach, dass der Küstensand (von Alexandria, Abukir, Damiette, Port Said) „stets entsprechend dem anstehenden Küstengestein zusammengesetzt“ sei. Die betreffende Stelle gewinnt um so mehr an Interesse für den vorliegenden Fall, als Prof. Fraas den Irrthum darlegt, „wenn man die Bildung der Küste Alexandrias in irgend eine, ob auch längst vergangene Verbindung mit dem Nil bringen will“. Der schmale, mit der kurischen Nehrung sehr wohl vergleichbare Landstreifen von Alexandria, der in seiner Verlängerung den See Mareotis vom Meere trennt, ist vielmehr auch alte Uferlinie, in deren Schutz die Deltabildung des Nil entstand.

bereits abgespülte Unterlage oder den durch Dünensand verdeckten eigentlichen Kern der Küste zu schliessen. Werden wir somit hier zu dem Schlusse geführt, dass der an diesen Steinen reiche Diluvialmergel sich untermeerisch unter der ganzen Nehrung hinzieht, so wird dies des Weiteren bestätigt durch die Beobachtungen Wutzke's, eines Mannes, der sowohl durch seine amtliche Stellung als Wasserbau-Direktor wie durch seinen in mehrfachen Schriften bewiesenen scharfen Blick und seine wissenschaftliche Begabung grade auf dem Felde der Geologie besonders zu einem entscheidenden Urtheile befähigt erscheint. Derselbe sagt in d. Pr. Prov.-Bl. Bd. V. 1831, p. 133, in voller Uebereinstimmung mit den im ersten Theile dieser Abhandlung mitgetheilten Beobachtungen: „Der Boden des Haffes besteht von Memel ab bis Negeln*) aus auf dem Grunde sich gelagerten Sande und dann bis Schaaksvitt aus grauem Schluff oder Lehm**), oben mit Moder bedeckt. Der Lehmgrund des Haffes geht auch unter der Nehrung 15 Fuss tief bis in die Ostsee fort."

Auf das Handgreiflichste aber sprechen dafür endlich zwei Punkte, unter der Sarkauer Forst und bei Rossitten, wo dieser alte Uferrand mit seinem festen Diluvialmergel und seinen Steinen auf einige Erstreckung hin den Wasserspiegel sogar noch heute um einige Fuss überragt (s. S. 17 u. 19).

Dass aber auch hinter dieser als älteste Uferlinie angesprochenen diluvialen Unterlage der Nehrung, unter dem ganzen kurischen Haffe die Diluvialschichten in nur sehr geringer Tiefe fortstreichen, dafür spricht, ausser der angeführten Beobachtung Wutzke's:

a) Der im Süden des heutigen Haffes, wo selbes grade die grösste Tiefe mit 18 Fuss erreicht, ganz allmälig sich senkende und noch eine gute Strecke ohne jegliche Bedeckung in's Haff hinein zu verfolgende Diluvialboden.

b) Das den Fischern bekannte, dem Geognosten den Diluvialboden ankündigende Auftreten von grossen Steinen (erratischen Blöcken) grade an den tiefsten Stellen des Haffbodens, auf die der ihnen gegebene Name Steinbanken (Akmen und Lebaergarsch, im Kärtchen 1 auf Taf. III. mit Kreuzen bezeichnet) somit nicht eigentlich passt.

c) Der Umstand, dass in einem im Amte Rossitten im Jahre 1821 gebohrten Brunnen, der bei ca. 68 Fuss unter dem Haffspiegel (80 Fuss Brunnentiefe) eine dem Diluvialmergel unterlagernde Sandschicht getroffen, die Wasser aus dieser mit solcher Gewalt empordrangen und die ca. 12 Fuss über dem Haffe gelegene Hofsohle überspülten, dass nur durch ca. 60 Fuss tiefes Verschütten des Brunnens dem Wasserandrange Einhalt gethan werden konnte***). Es ist dies der deutlichste Beweis, dass die wasserführende Diluvialschicht unter dem Boden des Haffes fort in ununterbrochenem Zusammenhange mit den höher gelegenen Diluvialschichten, sei es nun der südlich gelegenen samländischen oder der östlich sich erhebenden littauischen Küste stehen muss.

---

*) Bis wohin nur eine einzige Stelle sich zu 15 Fuss vertieft.

**) Soll eben nichts anderes bedeuten als gegenwärtig „Diluvial- oder Schluffmergel".

***) Die Nachricht ist durch den noch jetzt lebenden Baurath Jester, der den Brunnen angelegt, hinlänglich verbürgt. Die Verschüttung befindet sich jetzt zwar nicht mehr im Brunnen, wie mir eine Messung desselben ergab. Bei derselben zeigte sich der Brunnen volle 80 Fuss tief und der Wasserspiegel desselben 9 Fuss unter der Oberkante. Das Wasser desselben hat sich somit jedenfalls irgend einen unterirdischen Abfluss zum Haffe gesucht, der jedoch auch entweder nicht ausreichend zu sein oder sich noch über dem Haffniveau zu befinden scheint, da ich die allerdings nicht nivellirte Oberkante des Brunnens (die Hofsohle) zu mehr als 9 Fuss Höhe über dem Haff schätze.

Aber dieser unter dem Dünensande der Nehrung stellenweise über dem Seespiegel hervorragende, in etwa 15 bis 20 Fuss Tiefe unter dem Haffspiegel fortziehende Diluvialmergel gehört bereits der unteren Abtheilung des Diluviums an, wie solche bei Cranz und bei Memel nicht minder als bei Labiau, bei Tilsit und Windenburg in ziemlich gleicher Meereshöhe auftritt. Die an genannten Orten oder in deren Nähe landeinwärts mehr oder weniger regelmässig fortziehenden, relativ jüngeren Diluvialschichten müssen also auch hier einst ausgebildet gewesen sein, können also nur durch eine spätere Ausspülung vernichtet sein.

Wodurch diese Ausspülung hervorgebracht, kann bei Betrachtung des heutigen breiten Memelthales nicht zweifelhaft sein. Bei der stetig fortschreitenden Hebung bildete sich in dem aufgetauchten Lande das Flusssystem der Memel oder des Niemen aus und seine bei dem Wasserreichthum eines eben abtrocknenden Landes nothwendig weit bedeutenderen Fluthen, deren Gefälle obenein dem Aufsteigen ebenmässig zunahm, mussten durch stete Verlegung ihrer Mündung in dem, beständig erst den Wellen entsteigenden, also immer neue Hindernisse entgegensetzenden Küstenlande eine derartige breite Aus- und Abspülung hervorbringen, wie sie auch an den Mündungen der meisten Flüsse, sei es als Busen, sei es von Deltabildungen erfüllt, zu beobachten.

Es musste dies um so mehr der Fall sein, je höher diese Hebung allmälig erfolgte, wenn beispielsweise das Land noch über das heutige Niveau erhoben wurde. Das geschah aber in der That.

Die Ausbildung der alten Küstenlinie, des Hauptabfalles in der See spricht selbst dafür, da sie nicht leicht, weder bei noch ohne Annahme einer Abspülung sich anders so entschieden ausgeprägt haben würde.

Die bedeutende Tiefe der Alluvialbildungen in sämmtlichen grösseren Flussthälern, in vorliegender Gegend des Memelstromes in erster Reihe, sodann der Minge und selbst der Dange, ist ein ferneres sehr in's Gewicht fallendes Zeugniss. Die Ausspülung, zumal eines immerhin doch ziemlich breiten, $^1/_8$ bis $^1/_4$ Meile breiten Thales bis in Tiefen von 20 und 30 Fuss unter dem Spiegel der See, in welche sie münden (bei dem Pregel beträgt sie sogar an Stellen bis 67 Fuss*), ist schwer denkbar, ohne damals höhere Lage des Landes, weil andernfalls das die Strömung hervorbringende Gefälle fehlte, indem die Sohle des Flussbettes nicht nur weit unter dem Spiegel, sondern bei dem an hiesigen Küsten stets flacheren Boden der See auch weit unter diesem lag.

Wir erhalten also als Ergebniss dieser Hebungsperiode und damit verbundener Auswaschung durch die Stromwasser nach Beginn der nun folgenden Senkung des Landes und zwar zur Zeit, als diese das heutige Niveau wieder erreicht hatte, Einbrüche der See also wahrscheinlich die Ausspülung bereits mehrfach unterstützt haben mögen, ein Tilsiter Haff von der ungefähren Form, wie es das Kärtchen 1 auf Taf. III. zu geben versucht.

Da dieses Haff den eigentlichen Ausgangspunkt für die in der Folge während der Alluvialzeit stattfindenden Veränderungen bis zu der heutigen Gestalt bilden soll, die Form desselben aber nur als eine ungefähre bezeichnet werden konnte, so scheint es geboten, nahe liegende Einwürfe oder Bedenken vorerst durch kurze Wiederholung der für den Entwurf vorhandenen Anhaltspunkte zu beseitigen, gleichzeitig aber auch anzudeuten, wie weit die Fehlergrenze des Letzteren zu bestimmen ist.

Eine Ausspülung beziehungsweise Abspülung der oberen Diluvialschichten, die in dem Bereiche des kurischen Haffes fehlen, zum Schluss der Diluvialperiode aber ausgebildet vorhanden

*) Schumann in Schrift. d. Kgl. phys.-ökon. Ges. VI. 1865. p 31.

gewesen sein müssen, ist nothwendige Annahme. Zu einer späteren Zeit kann diese Abspülung auch nicht stattgefunden haben, denn die dadurch entblössten unteren Diluvialschichten sind mit altem Alluvialsande (Haidesand der geologischen Karte) bedeckt (Sarkau, Rossitten, Windenburg).

Die Grenzen des so gebildeten breiten Mündungsbusens lassen sich aus der Verbreitung der später in ihm abgesetzten Deltabildungen ebenfalls annähernd bestimmen. Ein noch gebliebener Abschluss in der alten Uferlinie, der Richtung der heutigen Nehrung, war nothwendige Folge der schon nachgewiesenen Hebung bis über den heutigen Wasserspiegel, da selbst bei dem jetzigen Stande diluviale Schichten an den mehrgenannten Stellen noch denselben überragen, während sie auf der ganzen übrigen Linie nahe unter Wasser liegen.

In mehrere Inseln aber muss der alte Uferrand bereits getrennt gewesen sein, denn während der folgenden Senkung lässt sich ein Abfluss der Stromwasser durch verschiedene, in ihrer Richtung bestimmbare Mündungen dieser alten Uferlinie beweisen (s. unten). In dem langen Zeitraume seit der ersten Hebung bis zur Gegenwart können diese diluvialen Inseln durch die Angriffe des Wassers aber nur verringert worden sein, werden mithin damals aller Wahrscheinlichkeit nach einen noch grösseren Umfang besessen haben, als sie jetzt bei einer Hebung über den heutigen Wasserstand noch zeigen würden.

Dünen werden sich damals bereits auf diesen Inseln gebildet haben. Die heute auf den Ueberresten der letzteren und dem jetzt untermeerischen übrigen Theile des alten Uferrandes vorhandene Dünenkette kann aber damals noch nicht bestanden haben, denn die heutigen Dünen zeigen keine Spuren früherer, während der folgenden Senkungen doch sonst nothwendigen Ueberfluthungen. Möglicher Weise deuten aber die grünen verhärteten Sandbänke der Nehrung (s. S. 21) auch dieses an und würde dann der Dünensand der Nehrung in eine ältere und jüngere, durch solche Ueberfluthung unterbrochene Flugsandbildung getrennt werden müssen.

Als feststehend ist somit für das Kärtchen 1 auf Taf. III. anzunehmen: a) das Vorhandensein eines bis Tilsit hinaufgehenden Busens in den durch die späteren Alluvialbildungen auch ziemlich sicheren Grenzen; b) der Abschluss desselben durch eine Inselreihe in der heutigen Nehrungslinie und c) die Trennung der Inseln grade in den gezeichneten vier Flussmündungen.

Als ungefähr zu bezeichnen ist nur die genauere Form dieser Inseln und die dadurch bestimmte Breite der Mündungen.

II.

Senkung des Landes

um mindestens 30 bis 40 Fuss unter den jetzigen Wasserspiegel.

Beweis der Senkung. — Deltabildung als Folge derselben. — Ueberfluthung der Inselreihe und des Windenburger Höhenzuges. — Das Tilsiter Haff gegen Ende der Senkung (Kärtchen 2 auf Taf. III.). — Gegenwirkung der Strom- und Meeresfluthen. — Ueberfluthung bedeutender Moore. — Folge davon.

Es folgte dieser ersten Hebung eine Senkung des Landes um mindestens 30—40 Fuss unter den jetzigen Wasserspiegel. Bewiesen wird diese Senkung, wie bereits Eingangs angedeutet, durch die aus den Profilen von Sarkau und Windenburg (S. 53) erkennbare periodische, wahrscheinlich wohl alljährliche Uebersandung und Neubildung der zum Schluss der ersten Hebung an den genannten Orten vorhandenen und erhaltenen Moosvegetation, die bei weiterem Sinken durch eine hier 3 bis 5 Fuss mächtige Schicht dieses alten Alluvialsandes gänzlich erstickt wird. Derselbe Haidesand oder alte Alluvialsand findet sich vielfach verbreitet in der Umgebung des kurischen Haffs (siehe Kärtchen Taf. II.). Sein Vorkommen bis zu einer Höhe von ca. 30 bis 40 Fuss, selten höher, längs des Abhanges des Windenburger Höhenzuges und andrerseits die Mächtigkeit dieses alten Alluvialsandes nach der Mitte des Tilsiter Busens zu in den sämmtlichen ca. 15 bis 20 Fuss hohen Hügelketten des Memeldeltas, die er bildet, lassen die Tiefe dieser Senkung sogar, wie geschehen, annähernd bestimmen und der schon von Schumann geführte Nachweis einer ca. 15 bis 20 Fuss hohen, ziemlich ebenen Zwischenstufe zwischen Hochfläche und heutigem Niederungslande lässt die Senkung auch in dem ganzen Bereiche der preussischen Küste erkennen.

Wie Lyell in seinen „Elements of Geologie“ aber so treffend nachweist, ist die nächste Folge einer Senkung des Landes eine Verringerung des Gefälles der Stromwasser. Die mitgeführten Sinkstoffe werden nicht mehr bis in's Meer hinaus geführt, eine Deltabildung begünstigt. So bildeten sich auch in dem Tilsiter Haff zunächst unzählige langgestreckte Sandbänke (älterer Alluviualsand), wie sie gegenwärtig in grösseren Strömen, wo sich das Bette plötzlich bedeutend erweitert, allgemein beobachtet werden können Ich erwähne als Beleg nur die unzähligen, alljährlich sich ändernden und vergrössernden Sandbänke im Bette der Weichsel. Die Richtung derselben und ihre Gruppirung, wie sie schon aus dem Uebersichtskärtchen Taf. II., noch besser aber aus der grossen Karte selbst zu ersehen ist, lässt, in Verbindung mit dem Bau der Nehrung selbst, mit gewisser Sicherheit die in vorigem Abschnitt (Kärtchen 1 auf Taf. III.) schon berührten Ausflussmündungen zwischen den Inseln erkennen, welche auch als letztere bereits unter Wasser gekommen, noch massgebend blieben. Gleichzeitig begann die eigentliche Deltabildung schon im inneren Winkel des Haffes, Tilsit zunächst bis gegen Kaukehmen hin in Gestalt von Inseln. Denn die wechselnden Schichten von Sand und Schlick der Memel überragen hier heutigen Tages den Wasserspiegel des Flusses um 10 bis 15 Fuss, können somit nur zu dieser Zeit gebildet sein.

Gegen Ende dieser grossen Senkung bot das Tilsiter Haff den Anblick eines weiten Busens, entsprechend dem Bilde des Landes, wie es sich für eine Senkung von ca. 40 Fuss construiren lässt und demgemäss in No. 2 auf Taf. III. gegeben ist. Nur Diluvialbildungen überragen der Hauptsache nach eben bei einer solchen Senkung noch die Wasserfläche. Die vorliegenden alten Inseln waren allmälig bis auf die heutigen Reste verringert und bildeten überfluthet eine langgestreckte schützende Barre vor dem flachen Tilsiter Busen in der Richtung der einstmaligen Uferlinie und der späteren oder heutigen Nehrung. Die Inselreste selbst wurden hinfort nicht weiter angegriffen, die auf ihnen lagernde Sandbarre wuchs vielmehr durch den Sand der hier sich begegnenden Strom- und Meeresfluthen beständig. Namentlich wirkte auch bestimmend die an der deutschen Ostseeküste allgemein bekannte westöstliche resp. nordöstliche Strömung, welche eben den flachen Bogen der alten Uferlinie auch ferner verfolgte, weil sie durch das flachere Wasser an jeder Abweichung verhindert wurde.

Auch der südliche Theil des Windenburger Höhenzuges war überfluthet und bildete eine Querbarre innerhalb des Busens, hinter welcher, d. h. an deren Aussenseite, der ältere Alluvialsand Gelegenheit zum Absatze fand.

Eine grosse Anzahl bedeutender Moore, die sich während der vorangegangenen Hebungszeit in dem ganzen Umkreise des Haffes an passenden Stellen gebildet hatte, musste durch das beständige Sinken in den Ueberschwemmungskreis mit hinein gezogen werden. Noch heute ist die Anzahl der Moore hier überraschend gross. Je weiter gegen Norden, desto grossartiger und häufiger aber sind im Allgemeinen derartige Versumpfungen. Aus den mehrerwähnten Moosschichten der Sarkauer Forst und der Windenburger Ecke, die nach der Bestimmung Dr. Karl Müller's in Halle (s. S. 37) der Hauptsache nach Hypnum turgescens Schpr. angehören, also eine entschieden nordische Moosvegetation beweisen, geht aber hervor, dass der Eiszeit des Diluviums zunächst ein sehr allmäliger Uebergang zu einer wärmeren Temperatur folgte. Die Versumpfungen waren daher wahrscheinlich auch in der Umgebung des kurischen Haffes in dieser Zeit noch bedeutender als heute. Ja sie müssen so bedeutend gewesen sein, dass sie, von Neuem unter Wasser gesetzt, den ganzen Tilsiter Busen mit organischen Stoffen derartig speisten, dass er zu einem braunen Moorwasser wurde, wie es jedem Besucher von Moorgegenden, selbst als Trinkwasser, bekannt sein wird.

Nur so lässt sich vielleicht ausreichend die Bildung der bereits früher besprochenen Fuchserde, des durch Humus, und zwar Humus in seiner braunen, grösstentheils unlöslichen Gestalt, verkitteten Sandes erklären*). Den Sand durchtränkend, mussten die humussauren Wasser denselben von oben her mehr zersetzen (s. S. 35) und, namentlich als der Boden allmälig wieder emporstieg, in ihn versickernd, endlich ihren braunen Rückstand auf der Grenze der Zersetzungsrinde als getrocknetes Bindemittel zurücklassen. Da aber nicht überall der Haidesand zur Ablagerung gekommen sein mag, vielmehr naturgemäss vielfach diluviale Schichten den direkten Boden der Wasserbedeckung bildeten, so findet sich eben die Fuchserde zuweilen auch in diesem, wenn auch bei Weitem seltener, da überhaupt nur der Sand des Diluviums gleicherweise die Wasser versickern lassen konnte, die thonigeren Schichten jedoch hierzu an sich nicht geeignet sind.

Gleichzeitig setzten sich in den tieferen Stellen des Tilsiter Busens die festeren Massen organischer Reste in grossen Massen ab, füllten die niedrigen Stellen zwischen den langgestreckten Sandbänken in horizontaler Ebene und bildeten, sobald sie über dem Wasserspiegel erschienen, die grossen Elsenbrüche der jetzigen Ibenhorster Forst und der weiter in's Land hinein heutigen Tages zum grössten Theil schon entholzten, moorigen sogenannten tiefen Niederung.

---

*) Der hier gemachte Versuch einer Bildungstheorie der Fuchserde beansprucht keinenfalls mehr als eben ein Versuch zu sein, soll vielmehr nur einen neuen Weg zur möglichen Erklärung dieses bisher noch keineswegs ausreichend erklärten oder gar verkannten Gebildes andeuten. L. Meyn (Geognost. Beob. in d. Herzogthümern Schlesw. u. Holst. Altona 1848, p. 60, und Geognost. Bestimmung d. Lagerstätte v. Feuersteinsplittern bei Bramstedt in Holstein, enth. im Archiv f. Anthrop. Bd. III. 1868, p. 31—35) erklärt die Fuchserde, dort auch Bickerde und Ahlerde genannt, als das Produckt einer tausendjährigen Haidevegetation (Calluna vulgaris) auf der Oberfläche des Sandes. J. Schumann („Ein Wald unter dem Walde", enth. in N. Pr. Prov.-Blätt., 3. Folge, Bd. III., 1859) der die Fuchserde nur von den Nehrungen kennt und mit dem Namen „kaffeebrauner Sand" benennt, hält sie aber entschieden irrig für den übersandeten Urwald der Nehrung, ohne sich bei seiner sonst so feinen Beobachtung des Versandungsprocesses, über das völlige Fehlen nicht nur von Stämmen, sondern auch von jedem irgend mit blossem Auge, wenn auch nur eben als Rest, erkennbaren Pflanzentheile Rechenschaft zu geben.

Im Uebrigen hält Meyn, ebenso wie oben nachzuweisen gesucht ist, den Haidesand selbst für das Produkt einer bedeutenden Wasserüberdeckung.

III.

Zweite Hebung des Landes

bis mindestens 10 Fuss über das heutige Wasser-Niveau.

Zeitweilige Seeküste (Bernstein). — Anfänge zur Bildung der Nehrung im südlichen Theile. — Bild des Landes zu dieser Zeit (Kärtchen 3 auf Taf. III). — Bildung des nördlichen Theiles der Nehrung. — Das kurische Haff. — Noch lange bestehende Ausflüsse desselben. — Altes Haffufer gegen Ende der Hebungszeit. — Berechnung der Hebung aus demselben. — Andeutungen zur Möglichkeit der Berechnung auch der Zeitdauer. — Weitere Wirkungen der Hebung. — Bild des Landes bei Schluss derselben (Kärtchen 4 auf Taf. III).

Während der folgenden abermaligen Hehung des Landes, auf welche zu Ende des vorigen Abschnittes bereits Bezug genommen werden musste, bildete der Fuss des heutigen Memeler und Windenburger Höhenzuges für eine lange Zeit den äussersten Uferrand. Die durch die untermeerische Sandbarre auf der eigentlichen und alten Uferkante des Landes zwar gemässigten, aber dennoch bis hierher verrollenden Wogen der Ostsee lagerten zwischen Tangresten und Sprockholz den gleicher Weise, wie heute von Stellen des Meeresgrundes ausgewühlten und zu Lande treibenden Bernstein ab, und wir sind daher im Stande, noch gegenwärtig diese einstmalige Seeschälung auf der genannten Strecke zu verfolgen. Die im vergangenen Jahrzehnt bei Pempen, bei Prökuls und an der Luscze mit gutem Erfolge in Betriebe gewesenen Bernsteingräbereien*) haben sie vielfach deutlich aufgedeckt und der bekannte Reichthum der sogen. Supis weiter nördlich, wie einiger andrer Stellen weiter südlich, giebt den weiteren Beweis ihres Daseins.

Im Südwesten war die Sandbarre mit den alten Alluvialbildungen und den hier höheren Diluvialresten bereits aus dem Wasser herausgetreten, als die Hebung des Landes das heutige Niveau wieder erreicht hatte. Die ersten Anfänge des 15 Meilen langen Streifens der kurischen Nehrung hatten das Licht der Welt erblickt. — Damals musste sich ungefähr das im Kärtchen 3 auf Taf. III construirte Bild ergeben, das durch Fortlassung der nachweislich jüngsten Bildungen mit gewisser Sicherheit folgt.

Allmälig trat jedoch bei fortschreitender Hebung die ganze Uferbarre über den Meeresspiegel empor. Wind und Wellen begannen ihr nie ermüdendes Spiel mit dem Sande. Auf dem nur unmerklich langsam steigenden schmalen Streifen erhoben sich die ersten Dünen. Kleine Hügel verbanden sich zu Ketten, die stetig wachsend und in einander verschmelzend endlich zu meilenlangen, hohen Dünnenkamme erwuchsen. Mannichfache noch bestehende Unterbrechungen, in denen die Stromwasser abflossen, wurden seichter und seichter und schlossen sich bis auf wenige Stellen gänzlich.

Ein Zerstören der Nehrung war nicht mehr möglich, da neben den Bedingungen ihrer Entstehung die Hebung des Landes an sich dem Nagen der See nicht günstig war, anderntheils der feste Diluvialboden des einstmaligen Uferrandes bald nahe unter und in der Seeschälung erschien, ja im südlichen Theile schon längst das Meeres-Niveau bedeutend überragte**), überall also die Gewalt der See brach. Die kurische Nehrung hatte den Tilsiter Busen abermals gegen die Wogen der See geschlossen, das kurische Haff war gebildet.

---

*) 1860 durch Stantien & Becker in Memel und später durch Gutsbesitzer Sperber in Prökuls, siehe auch Schumann N. Pr. Pr.-Bl., Bd. VIII, 1861.

**) Da er bei Sarkau und Rossitten, wie mehrfach erwähnt, noch gegenwärtig 5 bis 12 Fuss über See emporragt, bildete er also hier Ende der in Rede stehenden Hebung bis 22 Fuss hohe Diluvialküsten.

Wenn sich aus Obigem ergab, dass die Strecke der Nehrung von ihrem Wurzelende bis Rossitten, obgleich mit Unterbrechungen, als am frühsten über dem Wasser erschienen angenommen werden muss, so liegt der Schluss nahe, dass die Dünenbildung auch hier am mächtigsten und höchsten entwickelt sein müsste, während doch grade das Gegentheil stattfindet, die später aufgetauchte nördliche Hälfte die durchweg höchsten Dünen aufweist. Bei genauer Betrachtung wendet sich aber dieser scheinbare Widerspruch in einen neuen Beweis für die Richtigkeit der Annahme. Nachweislich (S. 17 und S. 38) liegt der feste Diluvialmergel mit seinen Steinen unter diesem südlichen Theile der Nehrung näher dem Wasser-Niveau, ja zum Theil über demselben. Demgemäss kam also auch dieser feste Boden sehr bald in die Schälung der See. Die Folge davon war nothwendig eine entschiedene Verringerung des Sandauswurfes und somit auch der Dünenbildung. In dem nördlichen Theile dagegen kam bei fortschreitender Hebung noch lange Zeit immer mehr bereits loser Sand der bisherigen Sand- oder Uferbaare in und über den Seespiegel und Nichts hinderte das stete Wachsthum der Dünen.

Ausflüsse des Haffes in die See, wie wir sie heute mit dem Namen Tief bezeichnen, blieben jedoch noch mehrere. Als solche lassen sich mit Sicherheit die folgenden Stellen bezeichnen.

Die zwischen dem Cranzer Waldhäuschen und der Sarkauer Forst am südlichen Ende der Nehrung bemerkbare Einsenkung verwuchs erst später und vertorfte völlig.

Die Gegend von Sarkau, nördlich wie südlich des Dorfes überragt noch heute das Niveau der See nur um wenige Fuss, so dass hier, wie an der Stelle des eben erwähnten, circa 2 Meilen entfernten alten Tiefes die Wogen der See bei Stürmen in der Neuzeit wieder mehrfach ihren Abfluss zum Haff fanden und, zuerst im Jahre 1791 oder 92, künstlich angehägerte Dünen zum Schutze gegen neue Durchbrüche angelegt wurden (s. S. 17).

Die dritte Stelle eines alten Tiefes ist die Gegend nördlich Rossitten, wo statt des sonst so gut wie ununterbrochenen Kammes der hohen Dünen nur eine Anzahl weit von einander getrennter Einzelberge*) sich auf weiter Ebene erheben und eine Reihe alljährlich an Umfang und an Zahl immer mehr abnehmender tiefer Teiche das Bett des alten Tiefes noch genauer bezeichnen.

Das vierte Tief endlich ist das noch heutigen Tages bestehende Memeler Tief, das jedoch Anfangs dem Ausflusse der Dange und somit der heutigen Stadt Memel direkt gegenüber lag und bis in die neueste Zeit allmälig weiter und weiter gegen Norden gerückt ist, wie urkundlich nachweisbar**) und in der Folge näher besprochen werden soll. Ob es gleichzeitig mit den vorgenannten, oder erst als letztes entstanden, muss dahin gestellt bleiben, ist aber auch von keiner besonderen Bedeutung. Jedenfalls sind während seiner Existenz die übrigen Verbindungen zwischen Haff und See seichter und seichter werdend, endlich völlig versandet und geschlossen. Andrerseits scheint aber das älteste Memeler Tief auch bereits sehr früh entstanden zu sein, da die Existenz eines alten, dem heutigen völlig entsprechenden Steilufers in jenem nördlichen Theile des Haffes wohl kaum natürlicher gedeutet werden kann.

In einer Entfernung von durchschnittlich 200 bis 300 Ruthen, bis zu welcher Grenze das Haff im Durchschnitt nur eine Tiefe von 2 und 3 Fuss zeigt, begleitet nämlich das ganze Ufer von Memel bis zur Windenburger Ecke ein durch Peilungen nachgewiesener und allen Fischern bekannter Steilabfall des Haffbodens von genannten 3 auf durchschnittlich

*) Der Walgun-Berg, Schwarze Berg, die Lange Plick, der Runde Berg und der Perwell-Berg.

**) Wutzke in Prov.-Bl.

9 Fuss Tiefe. Dieser Steilrand darf mit Bestimmtheit als altes Haffufer angesprochen werden, wie solches auch von Schumann bereits vor mir geschehen*) und durch die bei den anwohnenden Litthauern gebräuchliche Benennung**) Krantas (i. e. Ufer, Rand) in noch helleres Licht gestellt wird. Denn entweder ist diese Benennung aus unbewusstem richtigen Verständnisse des seines oft überraschend scharfen Denkens halber bekannten Litthauers entstanden***), oder wir haben es hier wirklich mit einer Ueberlieferung zu thun und die ehemaligen Vorfahren jener Uferbewohner das alte Ufer als solches noch wirklich gekannt.

Auch im südlichen Theile des Haffes lässt sich grösstentheils diese durch Strömungen des heutigen Haffes nicht erklärbare alte Uferlinie in einiger Entfernung vom heutigen Ufer im Boden des Haffes beobachten. Ja sie zieht sich dazwischen selbst durch den Mündungsbusen des Russstromes südlich der Windenburger Ecke quer hindurch, wie der Steilabfall der sogenannten Esch (eże) (siehe Taf. II) beweist, einer jetzigen Sandbank, die aber nach Westen fast auf ihrer ganzen Länge von 3 oder $3\frac{1}{2}$, selten 4 Fuss plötzlich auf 9, stellenweise selbst 12 Fuss abfällt.

Dieser alte Haffuferrand giebt aber nun gleichzeitig auch die Mittel an die Hand, die bisher in ihren Wirkungen theilweise besprochene Hebung des Landes nicht nur im Einzelnen zu verfolgen, sondern in gewissem Grade sogar zu messen. Der Fuss des Steilabfalles eines Ufers bezeichnet zumeist den höchsten derzeitigen Wasserstand und da dieser fast durchweg in 9 Fuss Tiefe unter dem heutigen Wasserspiegel sich zeigt, so muss die damalige Hebung des Landes auf mindestens 10 bis 12 Fuss über das heutige Niveau hinaus bemessen werden. Ein Ueberschreiten des heutigen Niveaus bewies schon die Eingangs dieses Abschnittes (Seite 60) erwähnte alte Seeschälung; denn dieselbe fand sich in den sie ausbeutenden Bernsteingräbereien, Schätzungen nach, durchschnittlich in ungefähr 3 Fuss Tiefe unter dem Spiegel des Haffes, der hier mit dem Seespiegel sicher nicht um mehr als 1 Fuss differirt.

Wenn beides somit im Einklange steht, so erlaubt ein Vergleich beider Thatsachen aber noch einen neuen Schluss. Da hier, in dem nördlichen Theile des Haffes, also bei einer zur heutigen um circa 2 Fuss höheren Lage des Landes noch Seeufer war, die ganze die Bildung der Nehrung ermöglichende Hebung aber auf 10 bis 12 Fuss über das heutige Niveau geschätzt werden musste und mit ihrem Ende auch die Dünenbildung der Hauptsache nach vollendet war, so bedurfte diese also eine gleiche Zeit, wie die Hebung des Landes um 8 bis 10 Fuss. Ist man somit im Stande, auf Grund genauer Messungen erst die durchschnittliche Zeitdauer für die Anhäufung bestimmter Flugsandmassen hier zu bestimmen, so wäre damit zugleich die Möglichkeit gegeben, zu berechnen, wie viel Fuss die damalige Hebung durchschnittlich im Jahrhundert betrug.

An dieser Stelle bedarf es jedoch zuvor noch des Nachweises der angenommenen Bedingung, dass „die Dünenbildung mit Schluss der Hebung auch der Hauptsache nach vollendet war".

Bereits oben musste hervorgehoben werden, dass bei fortschreitender Hebung die Unterlage der Nehrung, die ihre Entstehung bedingende alte Uferkante und zwar der feste Diluvialmergel derselben allmälig in und über die Seeschälung emportauchte. Die Folge davon, hiess es dort, war nothwendig eine Verringerung des Sandauswurfes und somit der

*) Schumann a. a. O.

**) Nachricht über die Uferbefestigungsarbeiten des Förster Tanscheit. Preuss. Prov.-Bl. X, 1833, S. 112.

***) Die dortigen Fischer und sonstigen Küstenbewohner sprechen vielfach unaufgefordert ihre Meinung darüber dahin aus, dass das Land früher einmal bis zu diesem Ufer gereicht.

Dünenbildung. Damit war aber die Möglichkeit der Entwicklung eines keimenden Pflanzenwuchses gegeben, denn erfahrungsmässig ist noch heute der grösste Feind eines solchen auf der Nehrung nur der immer von Neuem vom Winde gegen die Pflanzen gepeitschte Sand, während andrerseits die durch die Lage zwischen See und Haff bedingte Feuchtigkeit der Luft und in gewissem Grade auch des Sandes schon bei geringer Tiefe die Pflanzenentwicklung, selbst im reinen Dünensande in unerwarteter Weise fördert. So bewaldete sich denn allmälig die ganze Nehrung. Der Wald erklomm so gut die Höhe des Dünenkammes, wie er die Schluchten und vorgeschobenen Bergriegel nach der Haffseite zu bedeckte. Den Beweis dazu liefert auf der gesammten Länge der Nehrung der in den barocksten Schlangenlinien und Windungen, wie eben der Wald Berg und Thal überzog, in den heutigen Dünen noch stetig zum Vorschein kommende alte Waldboden mit seinen verrotteten Stubben (s. S. 20). Diese allgemeine Bewaldung ist aber auch ohnehin historisch völlig bewiesen. Denn für die darauf bezüglichen direkten oder indirekten alten Angaben Hennebergers und Hartknochs, dienen als beste Belege die erst Ende vorigen und Anfang dieses Jahrhunderts eingegangenen Königl. Förstereien in den meisten der Nehrungsdörfer. Eine der Hauptsache nach allgemeine Bewaldung der Nehrung ist aber gleichbedeutend mit der ausgesprochenen Behauptung eines bereits erfolgten Abschlusses der Haupt-Dünenbildung.

Werfen wir nun, bevor wir im folgenden Abschnitte die Folgen der abermaligen bis in die Neuzeit verfolgbaren Senkung betrachten, von den bewaldeten Höhen der Nehrung noch einmal einen Blick auf das vor uns liegende kurische Haff und seine Umgebung, wie es das Kärtchen 4 auf Taf. III zu veranschaulichen sucht.

Das gegenüberliegende Ufer des Haffes kennen wir bereits. Es ist eine im Durchschnitt nur 10 Fuss hohe Steilküste, ähnlich der heute bei Windenburg und Kinten das Haff begrenzenden und auch gleicherweise durch einen Streifen aus dem Diluvialmergel derselben ausgespülter Steine in etwas geschützt*). Die Delta-Bildung der Memel war nur wenig in dieser Periode vorgeschritten, was jedoch nicht ausschliesst, dass gegen Ende derselben, also bei einer circa 12 Fuss höheren Lage des Landes als heute, wie sie eben Kärtchen 4 giebt, zum Theil schon mehr fester Boden hervorragte, das Westufer der Niederung wenigstens bereits weiter gegen Westen lag als heute (Kärtchen 5 auf Taf. III). Die zahllosen Mündungsarme des Flusses, davon bei der hydrographischen Schilderung (S. 8 ff.) nur die hauptsächlichsten der heute noch bestehenden genannt sind und ausserdem einige Küstenflüsse hatten durch die Erhebung allmälig wieder ein stärkeres Gefälle erhalten, so dass sie ihre Sinkstoffe weiter hinausführten, Anfangs zur Bildung der emportauchenden Nehrung beisteuerten und schliesslich, als diese und die Ausflüsse in ihr der Hauptsache nach geschlossen, doch wenigstens bis in's offene Haff führten und dieses verflachten. Gleichzeitig schnitten sie ihre Betten tiefer und tiefer ein, manchen neuen Nebenarm auswühlend, den sie früher und auch gegenwärtig wieder bei langsamem Gefälle gar nicht bedürfen. Ich nenne als solche nur die Worgel, die Tawsche und Meiruhner Egszer, die Wagau, die Griebe-Egszer, den Wirrschup-Fluss und die Gaurinn, die zum Theil als todte Wasser noch bestehen, zum Theil auch bereits völlig verwachsen und verlandet sind.

Ausserhalb dieser Wasserläufe hatten sich von Neuem an den tiefsten Stellen Moore gebildet, die sich ebenfalls gegen das Ende der Periode trockner und trockner werdend mit

*) Nach Mittheilung des Hafen-Bau-Inspektor Bleek in Memel ist dies alte Steinriff, sowohl bei den Hafenbauten, wie bei den vielen Baggerungen, von Memel bis südlich zur Windenburger Ecke überall getroffen worden.

Wald bedeckten, dessen Stubben wir fast in allen heutigen Mooren und namentlich Torfbrüchen, wo sie allen Torfstechern dortiger Gegend bekannt sind, grossentheils in aufrechter Stellung und durchgehends einige Fuss unter dem jetzt niedrigsten Wasserspiegel finden. In der von Dampfbooten befahrenen Beck und dem von ihr durchschnittenen Torfbruch unweit Cranz, also in dem südwestlichsten Winkel des kurischen Haffes finden sich diese in Wurzeln bestehenden Stubben sogár in circa 8 Fuss unter dem Wasserspiegel.

Ob der Mensch diese Gegenden bereits während der in diesem Abschnitte besprochenen Hebung oder auch nur zu Ende derselben, in ihrer höchsten und trockensten Lage gekannt, dafür fehlen uns zur Zeit noch die nöthigen Anhaltspunkte. Unwahrscheinlich ist es jedoch grade nicht, denn seine Spuren finden wir bereits ziemlich früh in der nun folgenden Periode einer abermaligen Senkung des Landes.

IV.

Zweites Sinken des Landes

um jedenfalls 10 Fuss.

Beweis dieser Senkung. — Alte Wälder unter dem Haffspiegel. — Untermeerische Wälder. — Neueste Aufschlüsse bei Memel. — Wirkungen der Senkung. — Versuchte Durchbrüche der See. — Verlängerung des Haffes durch Weiterrücken des Memeler Tief. — Abspülung namentlich des nördlichen Haffufers. — Bernsteinlager im Haff. — Fortsetzung der Deltabildung. — Gegenwärtiges Bild des Landes (Kärtchen 5 auf Taf. III). — Vergleich mit ähnlichen Bildungen, namentlich auch den Niederlanden (Kärtchen 6 auf Taf. III).

Der Beweis dieser abermaligen Senkung des Landes ist bereits indirekt hinlänglich im vorigen Abschnitte geführt worden. Die längs der ganzen litthauischen, der östlichen Seite des Haffes kennen gelernte alte Steilküste, ja schon die noch frühere Seeschälung zwischen Windenburg und Memel können ja eben nur durch eine solche Senkung des Landes unter das heutige Wasser-Niveau gekommen sein, da an ein Aufsteigen des Wasserspiegels um die angegebene Höhe noch weit weniger zu denken, als im umgekehrten Falle an ein Sinken des Wasserspiegels.

Dasselbe bewiesen die allgemein in den Torfbrüchen noch unter dem niedrigsten Wasserspiegel gefundenen Wälder von in Wurzeln stehenden Stubben, deren abgebrochene Stämme theils wohl erhalten im Torfe daneben liegen, theils vom Wasser fortgetragen, ihrer Zweige und Aestchen beraubt, sich in den tieferen Schlickablagerungen fast sämmtlicher Flüsse finden*).

In vollem Einklange damit stehen ferner die längs der Seeküste der kurischen Nehrung sich findenden untermeerischen Wälder (siehe die geologische Karte). Die Striche der Küste sind den Fischern wohlbekannt, weil ein Ziehen des Netzes der aufrecht stehenden Stubben halber unmöglich ohne letzteres zu zerreissen. Bei klarer See, wie sie namentlich bei einige Zeit herrschendem Ostwinde sich zeigt, kann man vom Boote aus deutlich die meist aufrecht stehenden und von dem Wasser an ihrem oberen Ende

*) So hatte vor einer Reihe von Jahren die Gilge einen mächtigen Eichenstamm in ihrem Bette freigewühlt, der bereits bei niedrigem Wasserstande der Schifffahrt hinderlich wurde. Graf Keyserling auf Rautenburg liess ihn, als er mit vieler Mühe zu Tage gebracht, ganz allmälig Jahre lang trocknen und besitzt gegenwärtig eine Anzahl der festesten antik geschnitzten Stühle aus demselben, die durch ihr, dem frischen Eichenholze doch völlig fremdes Grau, augenblicklich auffallen. Stadt-Baumeister Friedrich in Königsberg liess sich gleichfalls aus einem sorgfältig getrockneten Eichenbaume, der neben vielen andern Stämmen beim Bau des König Wilhelm-Kanals in der Tiefe dem Baggern hinderlich wurde, ein vollständiges Ameublement für ein Zimmer fertigen, das ziemlich gut Politur angenommen und durch seine tief schwarze Farbe dem Ebenholz gleicht, mit dem es auch die Härte gemein hat.

völlig rund geschliffenen Stubben mehrere Ruthen in See hinein auf dem Grunde beobachten. Unweit des sogenannten Waldhäuschens bei Cranz stehen dieselben sogar nur circa 3 Fuss unter dem gewöhnlichen Wasserspiegel, so dass sie wie eingerammte Pfähle bei niedriger See zuweilen aus derselben hervorragen. Die früher bereits geltend gemachte Möglichkeit, dass diese Waldstrecken auf unterspülten und gleichmässig abgerutschten Uferbergen gestanden und so stehend in die See versetzt wurden, verliert an Ort und Stelle sehr bald allen Haltes, da die nothwendig dazu vorhanden gewesenen Steilufer mit Ausnahme der Stelle der Sarkauer Forst hier nirgends zu finden und auch an dieser Stelle bei der Niedrigkeit des Steilrandes die Breite der Waldflächen vom Ufer ab seewärts mit solcher Erklärung in zu grossem Widerspruche stehen würde.

Auch in dem nördlicheren Theile der Nehrung, wo mir in der See selbst derartige untermeerische Waldungen nicht bekannt geworden sind, fehlt es an dem gleichen Beweise nicht. Der Dünen-Aufseher Zander in Nidden erzählte schon Schumann*), wie er beim Graben in der Plantage (so heissen die Anpflanzungen hinter den künstlichen Vordünen längs der See) ungefähr im Niveau des Seespiegels eingewurzelte Stubben und umgeworfene Stämme, und zwar von Rüstern, nicht selten finde.

Auch nach der Erzählung des Lieutenant Schmick (Mädewalt) eines gebornen Nehrungers und bereits alten Veteranen aus den Freiheitskriegen, lebten die Grosseltern desselben in einer Zeit, wo der Schwarzorther Hochwald noch bis dicht zum Seestrande hinabreichte, so dicht, dass es den Fischern möglich war, durch Umschlingen ihrer Seile um die nächsten Stämme die Arbeit des Boot-Aufziehens sich für gewöhnlich zu erleichtern.

Woher dieser an Seeküsten ungewöhnliche Stand der Bäume? Woher diese Stubben unter dem Strande der Nehrung? Woher die vielen untermeerischen Wälder? Wenn nicht gleichfalls in Folge Sinkens des Landes. Würde bei Bauten und allerhand technischen Unternehmungen auf die Schichtung und sonstige Beschaffenheit des Bodens mehr geachtet, auch die in Rede stehenden Beweise würden, obwohl es desselben kaum noch bedarf, sich unzweifelhaft häufen. So erhielt ich ganz kürzlich durch die Güte des Festungs-Bau-Direktor, Major Pitsch in Memel die interessante Nachricht, dass in dem nördlich Memel, auf dem festen Lande, gegenwärtig im Bau begriffenen Fort unter 29 bis 34 Fuss Sandbedeckung und zwar in 5 der erbohrten Profile mit resp. 5, 5, $\frac{1}{2}$, $\frac{3}{4}$ und 1 Fuss unter dem Spiegel der See beginnend, ein 5 bis 6 Fuss mächtiges Torflager erbohrt worden ist.

Was soeben längs der ganzen 15 Meilen langen Seeküste der Nehrung im Westen, ebenso längs des ganzen litthauischen Haffufers im Osten und durch die verschiedenen Moore der Niederung im Osten, Südosten und Süden des Haffes bewiesen wurde, findet hierdurch die überzeugendste Bekräftigung auch in der nordwärts Memel gelegenen Festlandsküste.

Wenn somit das abermalige Sinken der ganzen Umgebung des kurischen Haffes völlig bewiesen, so dürfte es angemessen sein, die Wirkungen eines solchen näher zu betrachten.

Die den ganzen Nehrungsstreifen haltende Unterlage festen Diluvialmergels entzog sich den Blicken abermals unter dem Seespiegel fast auf ihrer ganzen Länge. Nur an ihren höchsten Punkten bei Rossitten und unter der Sarkauer Forst überragt sie heute noch den Meeresspiegel. Aber als deutliche Spuren derselben blieben auch an andern Stellen vielfach faust- und handgrosse Steine in Menge zurück, die bei dem ganz allmäligen Sinken, sich alljährlich zur Herbst- und Winterszeit, namentlich auch durch Vermittelung des Eises bis

*) N. Pr. Prov.-Bl. III 1859, p. 94.

zu dem jedesmal, wenn auch noch so wenig, höher gerückten Winterstrande emporschoben (siehe a. S. 13).

Ein Durchbrechen der Nehrung konnte aber nirgends mehr stattfinden. Die früheren alten Tiefe (S. 62) waren zu Ende der vorigen Hebungszeit bis auf das heutige Memeler Tief völlig versandet und blieben es auch. Erst zur Zeit des tiefsten Standes der Senkung Ende des vorigen und Anfang dieses Jahrhunderts versuchte die See an der Stelle des alten Cranzer und ebenso des alten Sarkauer Tiefs durch wiederholentliches Ausreissen und Ueberfliessen in's Haff bei starkem Westwinde die alte Verbindung wieder herzustellen, wie eine von dem bisherigen Besitzer derselben der physikalisch-ökonomischen Gesellschaft geschenkte, höchst interessante alte Karte letztgenannter Stelle („von neuen aufgenommen und nivelliret in mense Januarii 1791 durch Crelle") und ein anderweitiger Situationsplan derselben Stelle („untersucht anno 1797 durch Baum Kgl. Cam. Conducteur reduc. durch Roessner 1801") im Besitze des Rentamtes zu Rossitten beweisst. Die damals auf Grund dieser Kartenaufnahme angelegten Fangzäune und so gebildeten künstlichen Dünen haben indessen die Gefahr, die namentlich für Memel und seinen Hafen eine Existensfrage war, für jetzt völlig beseitigt.

Die von der Nehrung somit auf ihrer gesammten Länge zurückgehaltenen Stromwasser, die nur am nördlichsten Ende des Haffes einen Ausfluss fanden, drängten hierbei naturgemäss, von der Nehrung abprallend, beständig gegen die östliche und nördliche Küste des Haffes von der Windenburger Ecke nordwärts*). Auf diese Weise fand ein beständiges Abnagen dieser Uferstrecke, namentlich auch nahe dem engen Ausflusse selbst statt, der ganz allmälig nördlicher und nördlicher rückte bis im Jahre 1770**) durch die Anlage der Memeler Holzhäfen, welche gleichsam Abweiser oder Buhnen bildeten, die ausgehende Strömung an die Nehrungsspitze gedrängt wurde. Durch die Anlage mehrerer Ballastplätze am rechten oder nördlichen Ufer des Seegatts im J. 1790 und 91***) und dadurch gebildete feste Ufer und Kais wurde dem Vorrücken endlich völlig Halt geboten. Jetzt reicht eine Nordermoole ziemlich weit in See.

Gleichzeitig verlängerte sich auch, dem Vorrücken des Ausflusses einigermassen entsprechend, die Nehrung selbst durch neuen Sandabsatz auf der ohnehin nicht tief abgespülten bisherigen Küste†). Die Gesammtverlängerung beläuft sich innerhalb der Senkungsperiode auf beinah $^1/_2$ Meile, genauer 900 bis 910 Ruthen. Soviel beträgt nämlich die Entfernung der jetzigen Nehrungsspitze von dem die einstmalige Spitze bildenden Nordende des hohen Dünenkammes, der, wie wir gesehen, gegen das Ende der vorigen Periode bereits seine Bildung der Hauptsache nach vollendet hatte.

Die Resultate der in früherer Zeit angestellten Messungen des Nehrungsansatzes weichen zwar ziemlich von einander ab, liefern aber jedenfalls den sichersten Beweis des thatsächlichen Weiterrückens der Nehrungsspitze und geben doch immerhin einigen Halt für etwa anzustellende allgemeine Zeitberechnungen geologischer Vorgänge in dieser Periode.

---

*) Beweis und Folge dieses Anpralles an der Nehrung ist die gestörte oder ganz gehinderte Bildung der sog. Haken (s. Seite 18), wie sie die südliche Hälfte der Nehrung in so grossartiger Weise zeigt.

**) Wutzke, Pr. Prov.-Bl. V. 1831, S. 230.

***) Derselbe a. a. O., S. 231.

†) Dass diese zum grossen Theil in historischer Zeit stattgefundene Verlängerung der Nehrung wiederum beständig die Richtung der bisherigen Küste innegehalten, ist ein neuer, nicht zu unterschätzender Beweis für den S. 55 geführten Nachweis, dass dieser schmale Landstreifen in seiner ganzen Länge die Richtung des alten Ufers bezeichnet.

Der, Ende des vorigen Jahrhunderts lebende Ober-Bau-Direktor und Geh. Kriegs-Rath Lilienthal giebt die damalige Verlängerung der Nehrungsspitze im Laufe von 50 Jahren „nach sicheren Beobachtungen" auf 150 Ruthen an*).

Der Hafen-Bau-Inspektor Veit in Memel sagt sodann**) „die der Nehrung seit dem Jahre 1796, (d. h. in 20 Jahren) an der Haffseite erwachsene Verlängerung beträgt 20 Ruthen". Als fester Punkt zu dieser Beobachtung war der im Jahre 1791 auf der Nehrungsspitze angelegte, auf einem auch beigegebenen Kärtchen ersichtliche und 1796 noch dicht an der See gezeichnete Auerdamm angenommen.

Eine dritte Schätzung erlaubt die Lage einer 1812 von den Franzosen hart am Ausgange des, damals noch dicht an der Nehrungsseite gelegenen Fahrwassers errichteten Schanze. Nach den gütigen Ermittelungen des bereits genannten Major Pitsch, lag dieselbe an einer Stelle, die von dem Nordende des bei den Aufnahmen 1837 gezeichneten trocknen Bodens der Nehrung circa 60 Ruthen entfernt ist, also einen Zuwachs von wenigstens circa 50 Ruthen andeutet.

Erhalten wir somit für die zweite Hälfte des vorigen Jahrhunderts eine jährliche Verlängerung um 3 Ruthen; sodann während 20 Jahren eine solche von nur 1 Ruthe jährlich und nach der letzten Berechnung abermals ein Vorrücken von 2 bis $2{,}_4$ Ruthen und ziehen auch in Betracht, dass durch Buhnenwerke und Moolenbauten der Sandabsatz hier zur Zeit der Messungen überhaupt schon beeinflusst und möglicherweise sehr begünstigt worden, so sind wir doch immer wohl berechtigt, das an sich viel Vertrauen verdienende geringste Resultat mit 1 Ruthe jährlichen Nehrungsansatzes als gültig anzunehmen. Darnach wäre denn um's Jahr 950 etwa das Ende des hohen Dünenkammes noch das wirkliche Ende der Nehrung gewesen.

In vollem Einklange mit diesem Resultate steht die alte Tradition, nach welcher das alte Schloss Memel, sowie die an Stelle des litthauischen Kleipeda***) 1279 unter Conrad von Feuchtwangen gegründete Stadt Memel am direkten Ausflusse der Dange in die See gelegen. Auch der natürliche und bereits früher häufig geltend gemachte Schluss, dass schon die Lage des Schlosses Memel und die 1312—14 „zur Sicherung und zum Schutz der Schifffahrt und des Haffes" angelegten Befestigungswerke der Stadt selbst ein Nichtvorhandensein des nördlichen Nehrungsstückes nothwendig machten, da sie heutigen Tages völlig zwecklos, spricht dafür.

Doch wenden wir uns von der See zum Haffufer des Festlandes. Dasselbe war ebenfalls mit seinem Steilrande allmälig unter Wasser gesunken und die einstmalige Seeschälung zwischen Memel und Windenburg, die wir bereits kennen gelernt, war so von Neuem in den Bereich des Wassers gerathen. Ganz natürlich, dass sie zum Theil zerstört, Sprockholz und Bernstein derselben von der gleichfalls hier schon kennen gelernten Strömung fortgespült und in's tiefere Haff hineingeführt wurde, wo sich an ruhigeren Stellen beides zugleich mit mitgeführten Sanden zu Boden senkte und so in den sich bildenden Sandbänken, wie dem Korningk'schen Haken bei Schwarzorth, begraben wurde. Der grosse Bernstein-Reichthum der genannten Sandbank hat denn auch seit einer Reihe von Jahren ein's der grossartigsten

---

*) „Beschreib. d. Haf. v. Memel" enthalten in „Aufsätze" die Baukunst betreffend. Bd. I, 1797.

**) Beschreibung des Memelschen Hafens nebst Situationsplan enth. in Beiträge z. Kunde Preussens, Bd. IV, 1821.

***) Noch heute bei den Litthauern bekannter und Ende vorigen Jahrhunderts bei denselben sogar gebräuchlicher Name für Memel. (Samml. einig. Denkwürdigk. d. Stadt Memel, Bd. I, 1792).

Unternehmen, die Bernstein-Baggerei*) des Hauses Stantin & Becker zu Wege gebracht, die allein an Pacht dem Staate gegenwärtig alljährlich ca. 24,000 bis 30,000 Thlr. einbringt.

Die Delta-Bildung weiter südlich und östlich setzte sich während des Sinkens ununterbrochen fort, ja konnte nach den bekannten Grundsätzen ihrer Bildung (s. S. 95) erst rechten Fortgang haben. Theile der Niederung, wo sie nicht gleichmässig mit dem Sinken wuchs, oder zu grosse Vertiefungen waren, mussten dabei allerdings wieder unter Wasser kommen. Jedenfalls wurden alle Gegenden der Niederung nasser. Eichen und Kiefern starben aus, oder hielten sich nur noch auf den langgestreckten Sandzügen, den Gebirgen, wie der Niederunger diese 10 bis 20 Fuss hohen Inselchen im schwarzen Moorboden nennt. Die Else entwickelte sich mehr und mehr, oder es bildeten sich an den tieferen Stellen reine Moosbrüche, unter denen wir noch heute die alten Stubben und Stämme finden. Es stellte sich allmälig der Zustand her, in welchem wir heute Haff und Umgebung desselben finden.

Bei einem Rückblick auf die in den bisherigen Abschnitten zu schildern versuchte Bildungsart des kurischen Haffes darf es nicht unterlassen werden, zugleich hinzuweisen auf anderweite ähnliche Bildungen**). Es kann damit weniger ein Vergleich mit dem frischen Haffe gemeint sein, denn die Gestaltung beider ist eben zu ähnlich, als dass Aussicht vorhanden wäre, auf diesem Wege neue Beweise zu gewinnen. Günstiger schon stellt sich eine Betrachtung der vielen kleinen haffartigen Seen der pommerschen Küste, deren Parallelstellung jedoch zu weit führen würde.

Das Stettiner Haff weicht in seiner Gestaltung am meisten ab, kann aber mit Fug und Recht dem ersten Stadium des kurischen, d. h. dem Tilsiter Haffe (Kärtchen 1 auf Taf III) parallel gestellt werden, da seine beiden den Abschluss bildenden Inseln fast ganz und gar diluvialen, zum Theil sogar noch älteren Bildungen angehören.

Die Niederlande mit dem Zuidersee sind bisher als Parallele wohl noch nicht herbeigezogen. Der Nordsee, wie allen Meeren mit Ebbe und Fluth, spricht man überhaupt im Allgemeinen Haffbildungen ab.

In der That zeigt auch die in historischer Zeit***) stattgefundene Bildung des Dollarts seitlich der Emsmündung, der Jahde beim Ausfluss der Elbe und endlich der im 13. Jahrhundert eingetretene Durchbruch des Zuider-Sees hier zu deutlich den grösseren Einfluss des bewegteren Meeres bei der Gestaltung der Küste. Aber es ist eben nur ein Vorwiegen dieses Einflusses gegenüber der Ausspülung des Flusses, dessen Einwirkung überall zu Grunde liegt und jedenfalls ist hier thatsächlich bewiesen, was bei dem kurischen Haff erst zu beweisen versucht wurde†), dass man es in den genannten Fällen mit einem, dem Lande durch Abschwemmung verloren gegangenen Areale zu thun hat, nicht mit einer erst durch Anschwemmung verflachten und so dem Meere ursprünglich abgerungenen Bucht.

Aber auch im Einzelnen und Genaueren ist eine Grundübereinstimmung hier wie dort nicht zu leugnen, man werfe nur einen Blick auf Kärtchen 5 und 6 der Taf. III. Letzteres zeigt die Niederlande bei wenige Fuss höherem Wasserstande, der, wenn die künstlichen

---

*) Eine eingehende Beschreibung derselben, siehe in Altpreuss. Monats-Schrift, Bd. IV, 1891, Heft 5 und Leipziger Illustr. Zeitung Nr. 1276.

**) s. a. Anmerk. auf S. 55.

***) Vom Ende des 13. bis in die erste Hälfte des 16. Jahrhunderts hinein wühlte die Nordsee den Dollart aus; 1218 die Jahde und gleichzeitig 1218—1282 entstand die Verbindung der See mit dem Zuider-See.

†) s. S. 54.

Dämme nicht hinderten, bei Weitem den grössten, den Alluvialbildungen angehörenden Theil des Landes unter Wasser setzen würde. Das Ergebniss wäre ein durch eine schmale, von dem heutigen höheren Dünen-Terrain gebildete Nehrung abgeschlossenes Wasserbecken — ein Haff — dessen Gesammt-Aehnlichkeit mit dem kurischen Haffe sogar auffällt.

Als Hauptvergleichungspunkt dient nicht nur der schmale, See und Haff trennende, nach Innen durch die sogenannten Haken ausgezackte Dünenstreifen; auch das die Binnen-Ufer bis zu einem weit hinausliegenden Steilrande (dem Krantas der Litthauer) umgebende äusserst flache Wasser wäre vorhanden. Als wichtigster Punkt aber ist hervorzuheben das mehrfache Auftreten diluvialen Bodens innerhalb und als Grenze des Haffes*), als Beweis, dass auch hier die Nehrung und Nehrungsinselreihe das ursprüngliche alte Ufer bezeichnen auf dessen Kante sie festen Fuss fassen und Stand halten konnte, wodurch sie wiederum gleichzeitig die Deltabildung in ihrem Rücken begünstigte. Von diesem Gesichtspunkte aus ist der in Rede stehende Theil der heutigen Niederlande also gewissermassen zu betrachten, als ein Haff, in dessen südlichem Theile die Deltabildung in so fern weiter vorgeschritten ist, als letztere (zum Theil bedingt durch die abweichende Form) bereits die Nehrung erreicht hat; dessen nördlicher Theil aber durch mehrfache Einbrüche der See, sowohl in seiner Nehrungsbildung, als in seiner Ausfüllung grade zurückgeblieben.

Man bedenke, dass man es bei Dollart und Jahde mit direkt gegen Norden gerichteter Küste zu thun hat, vor der die zahllose Reihe kleiner Küsteninseln das alte Ufer auch immer noch merklich bezeichnet, dass aber, wo die Küste sich mehr gegen Westen wendet und so (wie in einem späteren Abschnitt zu beweisen) eine schützende Dünenbildung mehr begünstigt, auch bei der bewegteren Nordsee sich zum wenigstens eine Annäherung an die Haffbildung zeigt, wie die Niederlande einerseits, die schleswig und namentlich jütische Küste andrerseits beweist. Und will man unter den nach Westen gekehrten Küsten, auch andrer durch Ebbe und Fluth bewegter Meere nach weiteren Beweisen suchen, so bedenke man ferner, dass eben Steilküsten, namentlich älterer festerer Gebirgsbildungen solche nicht liefern können. Wo aber nur ähnliche, wenn auch schon tertiäre Formationen auftreten, wie beispielsweise an der Küste des südwestlichen Frankreich, da treten auch gleich an die Haffe doch wenigstens erinnernde Küstengestaltungen auf.

Mit Erlangung des heutigen, in dem speziell geognostischen Theile bereits ausführlich beschriebenen Zustandes des kurischen Haffes wären wir aber bis in die Neuzeit gekommen, und es liegt nahe zu vermuthen, dass der Mensch, der seit Jahrtausenden bereits diese Gegenden bewohnt, doch wohl auch noch Zeuge, wenigstens des grössten Theiles dieser Senkungsperiode gewesen.

*) So treten die den Kern bildenden festen Diluvialschichten (Starings Scandinavisch diluvium) mehrfach zu Tage in den grossen Inseln Ameland, Terschelling, Texel und Wieringen bilden die kleine Insel Urk mitten im Zuider-See und haben auch wie die bis auf die vorspringende Ecke bei Stavoren verlaufenden Diluvialrücken andeuten, noch bis in's 13. Jahrhundert den Abschluss des Zuider-Sees bewirkt.

V.

Die Existenz des Menschen
in der Umgebung des kurischen Haffes,
während der Periode der zweiten Senkung.

Beweise dafür. — Alte Kohlenstellen. — Alter heidnischer Bernsteinschmuck. — Ungefähre Bestimmung der Zeitdauer der Senkung. — Fortsetzung der Senkung bis in die Neuzeit. — Darauf deutender Baumwuchs der Niederung. — Das 300jährige corpus bonorum der Kirche von Inse. — Altes Bohlwerk im Russstrom. — Altes Steinpflaster im Haff. — Pflügen des Haffbodens vor 40 Jahren. — Der Prozess der Dorfschaft Gilge gegen Fiscus und gerichtliche Constatirung des Versinkens ihrer Ländereien.

Der Beweis, dass solches nicht nur Vermuthung, ist nicht schwer zu führen. Es möge genügen, auf die längs der preussischen und pommerschen Küste noch immer im Munde des Volkes lebenden Sagen von untergegangenen Burgen und Schlössern, ja ganzen Städten (Vineta) und Länderstrecken (Witland im Hartknoch) nur hinzuweisen. Ein direkter Beweis sind sie eben nicht, aber in Verbindung mit thatsächlichen Beweisen werden sie es.

Die ältesten Spuren des Menschen finden sich wohl bis jetzt in der in Rede stehenden Gegend des kurischen Haffes in den bereits mehrfach in der Tiefe von Torfmooren zwischen den Stubben der darunter früher gestandenen Waldung gefundenen regelrechten Kohlenstellen. Nach übereinstimmenden Aussagen fanden sich solche im Tyrus-Moor, im Berstus-Moor, in Theilen der Ibenhorster Forst (Wentaine und Wirschup), sowie bei Lauknen im Grossen Moosbruch, und Bewohner jener Gegenden würden wahrscheinlich leicht die Anzahl der Stellen auf's Doppelte vermehren können. Die absolut tiefste und somit älteste unter den mir bekannt gewordenen war aber jedenfalls eine Kohlenstelle, die beim Torfstechen 8 bis 10 Fuss tief in den Duhnauschen Wiesen, also unweit des südlichen Haffufers (westlich Labiau), sich fand, mitten zwischen vielen festgewurzelten Stubben. Die Wiese selbst liegt noch keinen Fuss über dem Haffniveau, muss vielmehr durch eine bei Julienhöhe stehende Wasserschöpfmaschine vor fast beständigem Ueberstauen geschützt werden. Angenommen, dass die Kohlenstelle von Menschenhänden herrührt — und der mit den übrigen stimmenden Beschreibung nach ist kein Grund, zu zweifeln — so lebten unsere Vorfahren hier zu einer Zeit, wo das Land, wenn nicht 8 bis 10, so doch zum wenigsten 6 bis 8 Fuss höher über dem heutigen Wasserspiegel lag. Die geringere Annahme von 6 bis 8 Fuss ist schon nur möglich unter der Voraussetzung, dass das Haff möglicher Weise zur damaligen Zeit noch einen Abfluss in der Gegend von Sarkau oder Cranz gehabt, somit der heutigen Tages um ca. 2 Fuss*) gegen seinen nördlichen Ausfluss hier in dem südlichen Theile des Haffes angestaute Wasserspiegel um so viel niedriger stand. Zugegeben ist ausserdem in beiden Fällen, dass die alte Waldung hier bereits eine ebenso niedrige, Ueberstauungen beständig ausgesetzte Lage gehabt habe, wie heut zu Tage die Duhnauschen Wiesen. Da die ungefähre Grösse der Senkung dem vorigen Abschnitte nach auf 10 Fuss bemessen werden musste, so dürften wir also die Existenz des Menschen in diesen Gegenden, wenn nicht bis in den Beginn so doch bis kurz nach dem Beginn der Senkungsperiode zurückführen.

---

*) Nivellements auf den bei der hiesigen Königl. Regierung aus der ersten Hälfte dieses Jahrhunderts befindlichen Karten der kurischen Nehrung (Sarkau).

Haben wir hierdurch einen Beweiss, dass die Senkung ganz oder mindestens fast ganz in die Zeit der Existenz des Menschengeschlechts fiel, so lässt sich andrerseits auch wieder nachweisen, dass sie innerhalb derselben nicht etwa nur einen kurzen Zeitraum eingenommen, vielmehr durch eine ganze Reihe von Jahrhunderten, ja bis in die jüngste Zeit hin thätig gewesen und somit nur äussert langsam und unmerklich von statten gegangen.

Die ältesten Bewohner der Niederung und der Umgebung des Haffes im Allgemeinen hatten zweifelsohne ebenso, ja bei der dichten Bewaldung und Unzugänglichkeit des Landes noch ausschliesslicher als in historischer Zeit, längs der Flussufer und des Haffes ihre ersten Ansiedelungen gegründet. Kein Wunder, dass bei fortschreitender Senkung des Landes ihre Wohnstätten und gleicher Weise ihre Grabstätten auch bald in den Bereich des Wassers geriethen. So erklärt es sich, dass zwischen den zu gleicher Zeit, wie vorhin (S. 68) besprochen, aus der einstigen litthauischen Seeschälung von Neuem ausgespülten und in Sandbänken des Haffes wieder abgelagerten Bernsteinmassen fortdauernd auch alter heidnischer Bernsteinschmuck gefunden wird. Die Eimerwerke der Stantien & Becker'schen Bagger in der Nähe Schwarzorths bringen alljährlich eine ganze Anzahl fertiger und noch mehr unfertiger oder bei der Bearbeitung verdorbener Kunstprodukte, darunter auch zwei wohl mit Recht für als Amulette getragene Götzen angesprochene Nachbildungen menschlicher Gestalten, zusammen mit dem rohen Bernstein aus bis 15 Fuss Tiefe des Haffbodens zu Tage*). Dass hier nicht an ein vereinzeltes Verlieren von Bernsteinschmuck gelegentlich der Haff-fahrten unsrer Vorfahren zu denken, dagegen spricht einmal die Menge der bereits gefundenen Stücke**), zum andern die vielen unfertigen, in dem vorliegenden Zustande nicht tragbaren Arbeiten und endlich die durch gleiche Bearbeitungsweise bewiesene Gleichaltrigkeit sämmtlicher Funde. Dass andrerseits nur aus Bernstein gefertigte Kunstprodukte, nicht auch andre Spuren menschlichen Fleisses oder menschlicher Gegenwart überhaupt zwischen dem Bernstein im Haffboden gefunden werden, spricht grade dafür, dass die Dinge nicht an Ort und Stelle verloren gegangen sind, sondern vom Wasser herbeigeschwemmt wurden. Es ist eine natürliche Folge der Trennung nach dem Gewicht, welche Wasser mit fortgeführten Stoffen stets vornimmt. Bernstein und Sprockholz (jene vom Wasser völlig durchzogenen, im Zustande unvollständiger Verkohlung befindlichen Holzreste, meist Zweig- und Aststückchen, wie wir sie im älteren Schlick der Flüsse bereits getroffen) sind wohl die beiden einzigen Stoffe, welche dem Gewichte des Wassers so nahe kommend, es nur wenig übertreffen, daher bei einiger Bewegung desselben mit Leichtigkeit weit mit fortgeführt werden und sich naturgemäss an Stellen, die ihrem Absatze günstig, in ruhigerem Wasser von den verschiedensten Orten zusammenfinden.

Das Vorkommen dieser Kunstprodukte giebt einigen, wenn auch geringen Anhalt zur Schätzung der Zeitdauer dieser Periode und es dürfte ein Versuch zur Verwerthung desselben immerhin von Interesse sein.

Ein einigermassen hohes Alter müssen die genannten Schmucksachen jedenfalls haben

erstens: weil die, zum grossen Theil kreisrunde Formen zeigenden Stücke deutlich erkennen lassen, dass sie nicht abgedreht sind, vielmehr durch Beschaben oder schleifendes Abreiben allmälig der Rundung genähert sind.

*) Näheres darüber siehe in Altpr. Monats-Schrift, Bd. IV., 1867, Reise über die kurische Nehrung im Sommer 1866, p. 397—99. Eine genauere mit Abbildungen versehene Beschreibung der einzig in ihrer Art dastehenden Funde soll mit Nächstem erfolgen.

**) Die Samml. d. Königl. phys.-ökon. Ges. besitzt allein bereits eine ansehnliche Folge, ca. 100 Stück, derselben, die nur als ein Theil der schon gefundenen zu betrachten und werden noch fortdauernd neue gefunden.

Zweitens: weil auch sämmtliche übrige Stücke die gleiche Art der Bearbeitung zeigen.

Drittens: weil Formen darunter sind, deren genauere Verwendung zur Zeit völlig unbekannt ist.

Viertens: weil diese Schwarzorther Bernsteinsachen mit Entschiedenheit für gleichaltrig mit Gräberfunden auf der kurischen Nehrung zu achten sind, welche ihrerseits wieder zusammen mit Aschenurnen fast nur Steingeräthe und gleiche Schmucksachen aus Bernstein aufweisen.

Was nun das zu folgernde Alter der Fortspülung betrifft, so können allerdings an sich auch die ältesten Sachen in verhältnissmässig erst sehr neuer Zeit fortgeführt sein. Es wird das jedoch für diesen Fall äusserst unwahrscheinlich, einmal, weil nicht einzusehen, warum gar keine neueren Produkte, wenigstens vereinzelt beigemengt sich hätten finden sollen; zum andern, weil, wäre eine dauernde Ueberfluthung der alten Küsten zur Ordenszeit erst eingetreten, wir irgend welche geschichtliche Kunde davon erhalten hätten. Müssen wir also das Alter der Bernsteinablagerungen im Haffboden bei Schwarzorth, soweit sie die genannten Kunstprodukte enthalten, auf mindestens 800*) Jahre schätzen, so musste die Senkung, Gleichmässigkeit vorausgesetzt, mindestens schon 2 × 800 Jahre gedauert haben. 3 Fuss nämlich liegt durchschnittlich die alte Uferkante, nach deren Ueberfluthung die einstmalige Seeschälung und ebenso die menschlichen Wohnstätten frühestens in den Bereich des Wassers gerathen konnten, unter dem jetzigen Haffspiegel. Zuvor aber mussten erst die circa 6 Fuss hohen Steilküsten (der Fuss derselben liegt durchschnittlich 9 Fuss unter dem Haffspiegel) so tief gesunken sein. Diesen durchweg geringsten Annahmen nach ist es also wahrscheinlich, dass die Senkung mindestens schon vor 2400 Jahren begonnen, und war, da ihre Fortsetzung bis in die neueste Zeit sogleich bewiesen werden soll, die stattgehabte Bewegung in allen Fällen, wenn nicht etwa eine plötzliche oder ruckweise, eine äusserst geringe, unmerkliche. Sie betrug dieser Schätzung nach höchstens 3 Zoll im Jahrhundert.

Steht es somit fest, dass die Senkung in eine, für Preussen jedenfalls schon vorhistorische Zeit zurückreicht, so war sie, was eben noch zu beweisen, nicht minder bis wenigstens gegen das Ende des vorigen Jahrhunderts hin thätig.

Um auch dafür Beweise kennen zu lernen, dürfen wir nur unbefangen den Beobachtungen und Erinnerungen alter, wenn auch ganz einfacher, aber verständiger Niederungsbewohner, wie des alten Maszurim, des alten Reese in Nemonien, des alten Knobis in Heidendorf u. A. lauschen. Wir legen dabei gar kein Gewicht auf die Behauptung der Leute, sie bekämen jetzt im Frühjahr immer höheres Wasser, denn solches ist leicht erklärlich durch die allmälig mehr und mehr vorgeschrittene Eindeichung oberhalb gelegener Polder, deren Dämme und Unterführungen die Frühjahrswasser des ganzen Hinterlandes jetzt viel direkter und schneller den Strommündungen und der uneingedeichten tiefen Niederung zuführen. Aber es zeigt doch auch dies, wie solche einfachen Leute ruhig und richtig beobachten und ihren Erinnerungen aus alten Zeiten, wo sie nicht mehr durch den Augenschein zu überwachen sind, daher nicht minder vertraut werden darf. Fürchte der Leser nun nicht, dass ich alte Sagen und Märchen herbeiziehen werde.

In dem am Gilgestrom gelegenen Marienbruch lebte noch vor wenigen Jahren ein 80jähriger Mann (sein Name ist mir entschwunden), welcher noch alte Obstbäume in seinem

*) Bis zum Jahre 1000 ist die Geschichte Preussens in tiefes Dunkel gehüllt. Mit dieser Zeit aber beginnen die Bekehrungsversuche des heiligen Adalbert, dem auch bald der deutsche Orden (um 1190) folgt.

Garten gekannt hat, die sein Grossvater bereits vorgefunden. Seit langen Zeiten ist aber in Marienbruch, wie in all den Gärten der Fischerdörfer am Nemonien, an der Gilge, dem Tawellstrom und andrer, die Zucht von Obstbäumen eine Unmöglichkeit. Die schon umwallten Gärten sind nur mit Mühe, bei oft Tag und Nacht fortgesetztem Wasserschöpfen zum Zwiebel- und Kohlbau noch nutzbar.

Ganz übereinstimmend hiermit ist das bis vor Kurzem noch, wenn auch nur ganz vereinzelte, verbürgte Auftreten alter Eichen in der tiefen Niederung, während heut zu Tage, in der fast die ganze Niederung längs des Haffes durchziehenden Ibenhorster Forst nicht nur keine Eiche mehr aufzufinden ist, sondern auch ein junger Aufschlag von Eichen, nach dem übereinstimmenden Urtheil erfahrner Forstbeamten überhaupt nicht möglich, weil derselbe alljährlich mindestens zweimal für längere Zeit völlig unter Wasser kommen würde. Die Eiche verträgt zwar auch äusserst nassen Boden und kann auch in solchem ein hohes Alter erreichen, aber sie stirbt ab, sobald sie mit den Blättern für einige Zeit unter Wasser gewesen.

Einen weitern Beleg giebt das Kirchenbuch der in diesen Gegenden ältesten, bereits 300jährigen Kirche zu Inse*). Dasselbe besagt wörtlich auf der ersten Seite unter der Ueberschrift Posteris: . . . . „Und also ist nach vielem Streit und Zanken der Anfang zum Kirchenbau in Inse anno 1576 gemacht worden. Das Holtz dazu ist nahe bei der Inse, an dem Strom Wirszup gehauen worden und ist lauter Eichen- und Eschen-Holtz gewesen, sintemal zu der Zeit ein grosser Eich- und Eschen-Wald an dem Orte gestanden." Auch etwas weiter bei genauerer Beschreibung des Baues heisst es ausdrücklich: „Die erste Wand inwendig ist lauter Eschen- und Eichen-Holtz gewesen."

An einer andern Stelle**) erzählt dasselbe Kirchenbuch, dass zwischen der Tawe und Inse zu der Zeit ein grosser Eichbaum gestanden, mit dem das Volk noch seinen aparten abergläubischen Gottesdienst getrieben.

Mit der bereits von Marienbruch angeführten Nachricht stimmt ferner vollständig eine, angeblich ebenfalls in den Papieren der Inseschen Kirche aufbewahrte Nachricht, die ich in dem genannten Corpus Bonorum zwar nicht auffinden konnte, aber wahrscheinlich einem alten Manuscript entstammt, auf das ersteres sich mehrfach beruft. Demzufolge ging der Pfarrer von Inse aus seinem Hause direkt in einen grossen Obstgarten. Nun lag die damalige Widdem, das Pfarrhaus, zwar auf einer ganz anderen Stelle, auf der noch heute sogenannten Widdem, aber weder hier noch an irgend einer Stelle in oder meilenweit um Inse ist heut zu Tage die Existenz eines Obstgartens noch möglich.

---

*) Betitelt ist dasselbe: „Corpus Bonorum der Insischen Filial-Kirchen, formiret auf Befehl der Hohen Ambts-Obrigkeit in Tilsit zur Zeit des Pfarrers Heinrich Gottlieb Lüneburg Anno 1722, den 6. Januarii" und statte ich dem gegenwärtigen litthauischen Pfarrer der Kirche, Herrn Pipirrs, für die bereitwilligst gewährte Einsicht desselben hier meinen schuldigen Dank ab.

**) Die interessante Stelle heisst wörtlich: „Es ist aber zu der Zeit noch ein sehr Heidnisches, abgöttisches und abergläubiges Volk gewesen, welches noch seinen aparten abergläubischen Gottesdienst gehabt. Denn zwischen der Tawe und Inse hat ein grosser Eichenbaum gestanden, welcher vom Donner-Wetter ganz kahl abgesenget gewesen und hat ohne Blätter gestanden. Viele, wenn sie aus der Kirchen gekommen, haben Sie ein Stückchen Wand an diesen Baum angehenkt, entweder grün, roth oder von andrer coleur und haben also diesen kahlen Baum, da er nicht Blätter gehabt, mit Wandflicken oder Tuch-Stücklein bekleidet, davor haltend, dass sie Glück zur Fischerei bekommen würden. . . . . . Da aber ungefähr anno 1636 der damahlige Pfarrer Elias Sperber diese heydnisch Päbstische Abgötterei und Aberglauben dieser seiner Gemeine nicht hat dulden können, hat er frembde Leute aus einem frembden Ort gemiethet und in der Nacht diesen Abgott und Eichenbaum umbsagen lassen etc."

Wie aber hier im südlichen Theile des Memel-Deltas, so nicht minder im nördlichen lässt sich die Fortdauer der Senkung in historischer Zeit nachweisen.

Im Jahre 1855 brach der Damm am Russstrome auf dem Grundstücke, welches gegenwärtig der Spediteur R. Schlimm in Russ besitzt. Von einem Augenzeugen wird mir auf meine nochmalige Anfrage geschrieben: „Es entstand durch diesen Dammbruch eine weite Oeffnung, die eine bedeutende Tiefe hatte. Bei Aufschüttung des neuen Dammes wurde im Juni desselben Jahres bei dem allerniedrigsten Wasserstande hier ein Bohlwerk gefunden, dessen Oberkante sich beinah $1\frac{1}{2}$ Fuss unter dem Wasserspiegel befand und, wie man sich durch das Gefühl überzeugen konnte, mehrere Fuss tief immer noch an den starken Pfählen regelrecht angenagelten Bohlenverzug zeigte", trotzdem, ich wiederhole es, der Wasserstand ganz ungewöhnlich niedrig war. Ein ursprüngliches Annageln der Bretter bis mindestens drei Fuss oder mehr unter dem Wasser dürfte aber, schon weil zwecklos, gradezu undenkbar sein.

Wenn nun in diesem Falle, obgleich unwahrscheinlich, doch an ein späteres Einsinken gedacht werden kann, so ist solches bei dem folgenden Falle unmöglich.

Längs des nördlich der Windenburger Ecke hart am Haffufer liegenden Gutes Feilenhof findet sich, soweit der Gutsgarten reicht, ein Steinpflaster, offenbar und, wie auch die Tradition meldet, gegen die nagende Schälung des Haffes angelegt. Aber nur bei einige Zeit herrschendem Ost- (Land-) Winde, also niedrigstem Wasserstande, kommt dasselbe überhaupt zum Vorschein. Für gewöhnlich befindet es sich beständig unter Wasser. Von einem Einsinken desselben kann hier gar nicht die Rede sein, weil der Untergrund und der ganze Boden des Haffes noch weit hinaus bis zu dem bereits besprochenen Krantas (Seite 63) fester blauer Diluvialmergel ist, in welchem unter Wasser noch viel Ellernstubben wurzelnd gefunden werden. Dass man es aber mit einem wirklichen Steinpflaster und nicht etwa mit an Ort und Stelle ausgespülten Steinen der Mergelschicht zu thun hat, dafür spricht eben der Augenschein, die völlig ebene, nach dem Haffe zu sanft geneigte Lage, die ausgesucht runden Steine, das plötzliche Abschneiden des Pflasters mit den beiderseitigen Enden des Gartens und, was allen Zweifel zu beseitigen geeignet scheint, die Beobachtung des zeitigen Besitzers Herrn W. Beerbohm, dass, während die Mergelschicht in grosser Menge Kalksteine führt, unter den Pflastersteinen sich kein einziger solcher findet. Man hat sie offenbar bei Legung des Pflasters ausgelesen und verbraucht.

Dass dieses, wie zum Ueberfluss durch die Ellernstubben noch in helleres Licht gestellt wird, durch das allgemeine Sinken des Landes sein jetziges, dem ursprünglichen Zwecke in keiner Weise mehr entsprechendes Niveau angenommen hat, liegt auf der Hand; die Zeit seiner Anlage beweist aber zugleich, dass diese Senkung noch in den letzten Jahrhunderten thätig gewesen.

Das Privilegium von Feilenhof datirt überhaupt erst aus dem Jahre 1585, älter kann somit das Pflaster auch hier nicht sein. Im siebenjährigen Kriege brannten die Russen auch Feilenhof nieder und der damalige Besitzer Amtsrath Kuwert baute erst das heutige Gehöft auf. Wahrscheinlich legte auch er erst den Garten in der heutigen Ausdehnung an und würde dann auch erst die Legung des Pflasters zu seinem Schutze in diese Zeit fallen.

Von Interesse für die allerneuste Zeit ist übrigens auch die weitere Notiz, die ich dem jetzigen Besitzer noch verdanke und deren Tragweite vielleicht erst in Zukunft zur vollen Geltung kommen wird. Derselbe schreibt: „Ich besinne mich noch sehr wohl, dass mein Vater (der weit und breit bekannte und angesehene damalige Oberfischmeister Beerbohm) ca. im Jahre 1829, um Rohr zu säen, den Haffboden im Sommer pflügen liess. Das

Wasser war weit zurückgewichen, was in jener Zeit öfter vorkam, während der Boden jetzt nie mehr trocken liegt." Eine solche in Anbetracht des kurzen Zeitraums von 40 Jahen allerdings auffällige Erscheinung ist trotz der nach obiger Berechnung (S. 73) wahrscheinlichen, so ungemein geringen Bewegung (3 Zoll im Jahrhundert) dennoch sehr wohl erklärlich an Stellen, wo, wie hier, zwischen dem Krantas und dem jetzigen Ufer, das Wasser so flach ist, dass bei niedrigem Wasserstande eben die Schwankung von einigen Zollen den Boden weithin trocken oder bedeckt erscheinen lassen kann.

Zum Schluss dieser Reihe von thatsächlichen, wenn auch oft unscheinbaren, doch jedenfalls in ihrer Gesammtheit bedeutungsvollen Beweisen für die noch zu historischer Zeit stattgefundene Senkung, bin ich in der so seltenen, wie auf besonderes Interesse Anspruch machenden Lage, mich sogar auf ein richterliches Erkenntniss berufen zu können. Die geologische Frage einer Senkung des Landes in der in Rede stehenden Gegend hat indirekt in der That in ganz neuester Zeit zwei ostpreussischen Gerichtshöfen zur Entscheidung vorgelegen. Die betreffenden Akten*) enthalten soviel, schon weil von einem ganz andern und unbefangenen Standpunkte aus und zu einem ganz andern Zwecke gesammelt, so schätzenswerthes Material, dass die folgenden Notizen weit entfernt nur als Curiosum dienen zu wollen, für eine bestimmte Oertlichkeit und einen gewissen Zeitraum gradezu als direkte Beweise dienen können.

In einem zwischen dem Fiskus und der Dorfgemeinde Gilge längere Zeit schwebenden Prozesse, wer von beiden auf den längs des Ufers und weit hinein im Haffe vielfach befindlichen Rohrkampen und Binsenhorsten als jagdberechtigt anzusehen sei, behauptet die verklagte Dorfgemeinde, dass die Eze (Esch), d. h. der flache Theil des Haffes, welcher sich längs dem Ufer vor den Dorfschaften Gilge, Tawe, Inse u. s. w. und weit hin in der Richtung auf die Windenburger Ecke zu hinzieht und auf welchem sich die Kampen und Horste befinden sich durch sehr festen Grund wesentlich von dem weichen Grunde des eigentlichen Haffes unterscheide und früher festes Land gewesen, so dass die Rohrkämpen und Binsenhorste auf dem früher im Besitze einzelner Wirthe von Gilge gewesenen Wiesen und Gemüsegärten sich befinden, wie denn dieselben nicht auf Haffgrund, sondern nur auf ehemaligem Festlande gedeihen. Dem entgegen versteht Fiskus als Kläger unter Esch nur eine sandige Erhöhung zwischen Wasser und Festland, welche bei niedrigem Wasserstande mit einem Kahne nicht befahren werden kann und die durch den Wellenschlag, wie Sandbänke und Untiefen in der See, entstanden, somit also als wirklicher Haffboden, resp. in fiskalischem Gewässer auftauchendes neues Land zu betrachten sei. Sowohl die erste Abtheilung des Königl. Kreisgerichtes Labiau in ihrer Sitzung vom 19. Juli 1861, als auch der Civilsenat des Königl. ostpreussischen Tribunals zu Königsberg in seiner Sitzung vom 4. Februar 1862 haben nun zu Gunsten der verklagten Dorfgemeinde entschieden, erstere nur in Bezug auf die in Rede stehenden Kampen und Horste, letzterer noch allgemeiner in Bezug auf die sog. Eze überhaupt.

In der Ausführung der Gründe heisst es bei dem Urtheil 2. Instanz: „Durch die Aussagen der in erster Instanz vernommenen Zeugen ist es vollständig festgestellt, dass die sogenannte Esze zu diesen, d. h. im Laufe der Zeit überflutheten Ländereien gehört hat und dass sämmtliche Rohrkampen und Binsenhorste sich nur auf dieser Esze, mithin auf den früher den Verklagten zugehörigen Ländereien befinden".

*) Dieselben befinden sich auf der hiesigen Königl. Regierung, Abtheilung für direkte Steuern, Domainen und Forsten, und wurde mir die Einsicht derselben auf's Bereitwilligste gestattet.

In den Gründen zum Erkenntniss 1. Instanz heisst es ferner: „In Uebereinstimmung hiermit sind in der Untersuchungssache Goldbach G. 307 und Gronau G. 327 freisprechende Urtheile ergangen, weil angenommen, dass die Esze nicht Haff, sondern überschwemmte Kumstgärten (Kohlgärten) der Gilger Wirthe seien".

Dass hierbei stets mit Bewusstsein von einem eben die Senkung beweisenden allmäligen Uebertreten des Wassers, nicht von einem Vorschreiten des Wassers durch Abspülung die Rede ist, geht aus einer Stelle der Appellations-Beantwortungsschrift der verklagten Dorfschaft Gilge klar hervor. Hier heisst es wörtlich: „In durchaus falschem Lichte stellt der Kläger ferner die Ueberspülung des ehemals trocknen Landes durch das Haffwasser dar. Er nennt dieses Land „abgespültes" und meint, dass es als solches zu Grunde gegangen. Diese Auffassung ist nach dem Resultate der in der ersten Instanz in loco stattgehabten umfangreichen Beweisaufnahme offenbar nicht richtig: Das Land ist nicht abgespült, sondern nur überspült. Eine weitere Veränderung ausser, dass ein Paar Zoll hoch Wasser darüber steht, hat dieses Land gar nicht erlitten".

Aus der angezogenen Beweisaufnahme hebe ich nur zwei Punkte noch hervor. Erstens aus dem Ergebniss der Augenscheins-Einnahme, welches die Angaben der Dorfgemeinde Betreffs des Bodens der Eze bestätigte, die als weiterer Beweis dienende Bemerkung der Commission, „dass in der Esze 800 bis 1000 Schritte vom Uferrande entfernt, zwei Weidenbüsche aus dem Wasser hervorragend gefunden wurden". Zweitens aus dem Zeugen-Verhör eine Stelle, welche mehrfach interessant, namentlich auch in Uebereinstimmung mit der letztangeführten Nachricht des Besitzers von Feilenhof, (s. S. 75) auch hier im südlichen Theile des Haffes, ebenso wie dort im nördlichen eine Fortsetzung der Senkung selbst innerhalb dieses Jahrhunderts zu beweisen scheint.

Die Zeugen, Altsitzer Jacksties, Schulz und Schickneit bestätigen und bringen selbst als Beweis eine Vergleichung der leider nicht beizubringenden alten Dorfkarte des Regierungs-Feldmesser Skopnick in Vorschlag, dass die Wiesen, „für welche von einzelnen Wirthen auch jetzt noch Steuer gezahlt würde", nach ihrer eignen Erinnerung noch bis zum äussersten Binsenhorste gereicht, wogegen sie nicht haben bekunden können (in Uebereinstimmung mit dem äusserst langsamen Sinken), dass dieselben auch bis an das äusserste Ende des flachen Theils des Haffes (Esze) sich erstreckt haben.

„Altsitzer Schickneit, heisst es weiter, wies dem Deputirten eine circa 1500 Schritt vom jetzigen Ufer entfernte Stelle mit dem Bemerken, dass an derselben vor circa 20 Jahren noch drei Fuder Heu verunglückt seien".

Endlich erwähne ich noch, weil der ferneren und anderweitigen Prüfung werth, die durchgängig übereinstimmende Behauptung der Zeugen (auch vom Kläger vorgeschlagener), die sich auch ausserdem in der Appellation noch auf das Gutachten des Bezirkskommissar, Gutsbesitzer Forstreuter in Gr. Baum berufen, „dass die Rohr- und Binsenhorste, wie sie auf der Esze vorkommen, zu ihrem Gedeihen einen erdigen Untergrund brauchen, also nur auf ehemaligem Festlande, nicht aber auch auf Haffgrund gedeihen".

VI.

Gegenwärtiger Zustand.

Senkt oder hebt sich das Land noch heutigen Tages? — Prof. Schumann's Ansicht. — Neueste Resultate der Pegel-Beobachtungen Ober-Bau-Direktor Hagen's. — Bedeutende Uferabbrüche des Haffes und der See. — Messungen des jährlichen Abbruches bei Cranz. — Desgl. an einigen andern Punkten. — Die Dünenwanderung. — Wie konnte sie entstehen? — Rechtfertigung ihrer gesonderten Behandlung.

Mit fortschreitender Senkung sind wir denn beinahe bis in die Gegenwart gelangt. Es tritt somit unabweislich die naheliegende Frage an uns heran: Senken wir uns noch, oder heben wir uns bereits wieder? Oder aber befindet sich das Land gegenwärtig in einem Zustande völliger Ruhe?

„Die starken Uferabbrüche, sagt Schumann*) den diese Frage nicht minder beschäftigt hat, nicht nur am Seestrande, sondern auch an den Binnenufern der Haffe, scheinen für eine Senkung des Landes zu sprechen. Doch müssen diese Gründe zurücktreten gegenüber den seit 1811 angestellten Beobachtungen der Pegel unserer Küste. Es stellt sich dabei heraus, dass sie auf eine Hebung unsrer Küste hinweisen, die freilich viel geringer ist, als die Hebung des nördlichen Skandinaviens".

So glaubte Schumann noch vor Kurzem schliessen zu müssen. Dem entgegen kommt Herr Ober-Bau-Direktor Geh. Rath Hagen**), dem wir diese erste vergleichende Berechnung und demnächstige praktische Regelung der heutigen Pegel-Beobachtungen verdanken, jetzt, nachdem eine Reihe zuverlässigerer Beobachtungen vorliegt, zu dem Resultate, „dass die geringen konstanten Aenderungen in der Höhe des Meeresspiegels, die mit einiger Wahrscheinlichkeit angedeutet werden, nicht durch Hebung oder Senkung der Küste, sondern durch andre Ursachen und namentlich durch das zufällige Vorherrschen gewisser Winde veranlasst zu sein scheinen. Da diese genaueren Beobachtungen, heisst es an derselben Stelle, jedoch nur 19 Jahre umfassen, so darf man nicht erwarten, sehr geringe Aenderungen daraus schon mit Sicherheit zu erkennen. Wenn sie sich über einige fernere Jahrzehende ausgedehnt haben werden, wird man die Resultate, zu denen sie führen, als entscheidend ansehen können. Gegenwärtig lässt sich daraus bereits entnehmen, dass grosse Aenderungen nicht vorkommen".

Zum Beweise mögen die von Herrn Geheimrath Hagen nach der Methode der kleinsten Quadrate berechneten jährlichen Aenderungen nebst der Fehlergrenze hier noch einmal zusammengestellt werden.

---

*) a. a. O. p. 318.

**) Abhandlungen d. Königl. Akad. d. Wissensch. z. Berlin. 1865.

Erste Beobachtungsreihe (weniger sicher).

Pegel zu	Dauer der Beobachtung	Jährliche Aenderung.	Wahrscheinliche Fehler.
Pillau	27 Jahr, 1816—1842	— 0″,0129	0″,0030
Königsberg	24 „ 1819—1842	— 0,0072	0,0045
Neufahrwasser	29 „ 1815—1843	— 0,0033	0,0035
Colberg	31 „ 1811—13 u. 1816—43	+ 0,0022	0,0021
Swinemünde	31 „ 1811—21 u. 1824—43	— 0,0011	0,0016
Neuere Beobachtungsreihe.			
Memel	19 Jahre, 1846—1864	— 0″,0484	0″,0588
Königsberg	19 „ 1846—1864	+ 0,0518	0,0606
Pillau	19 „ 1846—1864	+ 0,0382	0,0505
Neufahrwasser	19 „ 1846—1864	— 0,0015	0,0488
Stolpmünde	19 „ 1846—1864	— 0,1340	0,0568
Rügenwalder Münde .	19 „ 1846—1864	— 0,0366	0,0469
Colberger Münde . .	19 „ 1846—1864	— 0,1040	0,0414
Swinemünde	19 „ 1846—1864	— 0,2505	0,0510
Wieck b. Greifswalde	18 „ 1847—1864	— 0,1027	0,0365
Stralsund	18 „ 1847—1864	— 0,0939	0,0328
Barhöft	18 „ 1847—1864	+ 0,0489	0,0277
Wittow. Posth. . . .	18 „ 1847—1864	+ 0,1094	0,0330

Bei der Geringfügigkeit dieser jährlichen Niveauänderung der Jahresmittel, die in einzelnen Fällen sogar noch nicht einmal die Fehlergrenze erreichen und auch, zwar bei Weitem vorwiegend, aber doch nicht durchweg eine abnehmende, vielmehr in 4 Fällen (Königsberg und Pillau einerseits, Barhöft und Wittow auf Rügen andrerseits) sich zunehmend zeigt, glaube auch ich keinen Augenblick anstehen zu dürfen, dem Endurtheil Oberbau-Direktor Hagen's beizupflichten: „dass die bis jetzt vorliegenden Wasserstands-Beobachtungen an der preussischen Ostseeküste eine Hebung oder Senkung derselben mit Sicherheit nicht erkennen lassen.“ Jedenfalls ist die angedeutete Bewegung eine äusserst geringe und langsame und, wenn sie so geringfügig bleibt, werden noch lange Reihen genauer Beobachtungen von Nöthen sein, ehe wir berechtigt sind, ein entscheidendes Urtheil zu fällen. Anderweitige sicherere oder auch nur gleich sichere Mittel zur Beantwortung der in Rede stehenden, so interessanten Frage besitzen wir aber nicht und so wird dieselbe einstweilen auch noch eine offene bleiben müssen.

Von Neuem gewinnen dann aber die von Schumann erwähnten Uferabbrüche der See wie des Haffes wieder an Bedeutung als Material zu einstiger Lösung der Frage und es dürfte kaum zu rechtfertigen sein, wollte man dieselben an dieser Stelle völlig übergehen. Sie sprechen, wenn auch nur indirekt und nur als Glied in der Kette weiterer Beweise, zu denen auch einige zu Ende des V. Abschnittes erwähnte Thatsachen zu rechnen sind, immerhin für eine Fortsetzung der Senkung noch bis in die Gegenwart.

Am bekanntesten ist ein solches Ab- und Unterspülen des Ufers bei dem beliebtesten Badeorte Cranz. Aelteren Badegästen ist das frühere Curhaus noch wohl bekannt, dessen Stelle jetzt bereits viele Ruthen seewärts unter den Wellen zu suchen ist und die jetzige Generation hat alljährlich Gelegenheit, sich von neuen Abbrüchen seit der letztverflossenen Badesaison zu überzeugen.

Eine auf der Königl. Regierung hierselbst befindliche, bei Cranz beginnende Karte der Nehrung*) zeigt ausser dem Ufer vom Jahre 1815 noch die in Folge der Revisionen des Wasserbau-Direktor Wutzke in den folgenden Jahren eingetragenen Strandlinien vom Jahre 1819, 1823 und 1834. Leider sind diese so schätzbaren Vermerke in neuerer Zeit nicht mehr fortgesetzt worden und eine genaue Eintragung der Strandlinie dieses Jahres wäre um so mehr zu wünschen, als dieselbe durch Vergleich mit der Strandlinie von 1819 den Abbruch eines halben Jahrhunderts ergeben würde.

Die bei der Revision vom Jahre 1823 befundene Uferlinie giebt Wutzke selbst**) in durchschnittlich 48 Fuss Entfernung von der alten an und folgt daraus ein jährlicher Uferabbruch von 6 Fuss, obgleich, wie Wutzke ausdrücklich bemerkt, „in diesem Zeitraume keine bedeutenden Sturmfluthen aus Norden eingetreten sind.“

Misst man die Entfernung des Ufers von 1815 und 1834 von einander, so beträgt diese beispielsweise:

Bei dem kölmischen Kruge	Zwischen demselben und dem damaligen Hôtel	Bei dem damaligen Hôtel (Gegend des heutigen Corso)	Im Mittel
7 Ruthen	10 Ruthen	$10^1/_2$ Ruthen	$9^1/_6$ Ruthen

und ergiebt somit einen jährlichen Uferabbruch von $5,_{79}$ oder abermals 6 Fuss.

Der Besitzer des Gutes Bledau bei Cranz, Herr v. Batocki, sagt in einem Aufsatze***), betitelt: „Ueber den Hafen bei Cranz“, ... „Bei der gerichtlichen Grenzregulirung zwischen Kranzkrug und Kranzkuhren†) im September 1841 lag der letzte Grenzstein zwischen Kranzkrug und dem Lande des Halbfischers Schmidtke in Kranzkuhren 3 Ruthen von der Ostsee und der nächste Stein, der zugleich das Land des Schmidtke von dem des Halbfischers Pomper scheidet, 15 Ruthen von jenem entfernt. Zu Ende des Jahres 1849 war jener Stein nicht mehr vorhanden und der Schmidtke-Pomper'sche nur noch 13 Ruthen 4 Fuss von der Ostsee entfernt. Diese hat also in den letzten 8 Jahren 4 Ruthen 8 Fuss vom Ufer abgerissen.“

Auch längs der Sarkauer Forst auf der Nehrung, also grade in dem Winkel der weiten kurisch-samländischen Bucht macht sich dieses Vordringen der See durch Unterspülung des hier wie bei Cranz 10 bis 15 Fuss hohen Ufers sehr merklich.

Wie aber hier durch die See, so verliert das Land nicht minder andrerseits durch das Haff an verschiedenen Stellen.

Derselbe Gewährsmann sagt an einer andern Stelle††): „von Fischerbude, auf der rechten südlichen Seite des Bek-Ausflusses, wird ein Haus nach dem andern in's Haff gespült. Das Waldwarthaus im Wargienenschen Torfbruche ist seit kaum 50 Jahren hineingespült.

*) Der Titel der Karte lautet: Sect. I. der Curischen Nehrung von Cranz bis Sarkau oder u. s. w. Auf Befehl vom 11. Januar 1815 E. Kgl. Prss. Hohverordneten Regierung unter der Direction des Herrn Reg.-R. u. Prov.-Wass.-Bau-Director Wutzke vermessen und angefertigt im Jahr 1815 durch Böhm, Reg.-Conduct. Als Commentar der Karte kann die von Wutzke in d. Pr. Prov.-Bl. V. p. 310 gegebene Notiz dienen.

**) Pr. Prov.-Bl. V. p. 310.

***) N. Pr. Prov.-Bl. IX. 1850, p. 407.

†) Cranz ist entstanden aus dem Dorfe Cranzkuren und den beiden kleinen Gütern Cranzkrug und Försterei.

††) A. a. O. p. 415.

Seite 407 heisst es: „Auf der Karte von Pomehnen des Conducteur A. Klein von 1834 ist der Grenzzug zwischen Pomehnen und Wargienen nach dem kurischnn Haffe zu 60 Ruthen kürzer gezeichnet als auf der Karte von Wargienen des Conducteur Fetter vom Jahre 1773."

Ein so bedeutendes Vorschreiten des Haffes von jährlich ca. 1 Ruthe ohne eine an dem Ufer bemerkbare Strömung wird schwer erklärlich ohne Annahme einer gleichzeitig in dem Abbruche sich bemerkbar machenden Wirkung des allmäligen Sinkens. Dann aber erklärt sich die Schnelligkeit des Vordringens aus der sehr niedrigen und flachen Lage jenes Striches ziemlich einfach.

Ganz ähnlicher Art sind die Verhältnisse in der Nähe der Deime-Ausmündung, wo eine Messung gleichfalls einen bedeutenden Abbruch und merkliches Vordringen des Haffes feststellen würde, ohne dass doch eine Uferströmung bemerkbar ist. Bei Agilla und Juwendt hat man, um einen Durchbruch des Haffes in den Friedrichsgraben zu verhindern, den zum Schutz angelegten Steindamm bereits 1837 und jetzt wieder erneuern müssen. Wutzke schreibt über das ungewöhnliche Vorschreiten des Haffes an dieser Stelle: „Wie der Grosse Friedrichsgraben im Jahre 1689 vollendet ward, war das kurische Haff auf den schmalsten Stellen noch über eine Viertelmeile von demselben entfernt und jetzt nur noch auf der schmalsten Stelle bei Juwendt 35 Ruthen." Es kämen somit, wenn die erste Schätzung nur annähernd richtig ist, über 3 Ruthen auf den Abbruch eines Jahres.

Muss nach alle dem, wie schon bemerkt wurde, die so interessante Frage, ob der Boden unter unsern Füssen zur Zeit sich hebt oder senkt, noch eine offene bleiben, so ist doch eine andre, nicht minder grossartige Naturerscheinung jener Gegenden im Stande, unsre Aufmerksamkeit des Weiteren in hohem Grade und vielleicht mit mehr Erfolg für die Gegenwart zu fesseln. Es ist das Wandern der bis nahezu 200 Fuss aufsteigenden Dünen der Nehrung.

Winzig klein in ihren Sandkörnchen, aber rastlos und fast ununterbrochen durch Wellenschlag und Windeswehen dem Meere entstiegen, haben sich die Dünen zu kahlen, mächtigen Bergen, zu einem riesigen, im Sonnenlichte nicht minder, als unter Gewitterhimmel blendenden Walle aufgethürmt, von dessen oberer Kante die Millionen und aber Millionen Sandkörnchen ruhelos weiter eilend hinabgleiten, um sogleich von den folgenden Milliarden überholt zu werden. So haben die vielleicht grössten Dünenkämme Europas (Seite 15) bereits $^2/_3$ bis $^3/_4$ ihres Weges von See zu Haff vollendet, ja vielfach spülen sie ihren Fuss schon in den Wellen des Haffes, dessen weicher Boden mannshoch und höher unter ihrer Wucht emporgequollen ist, wie wenn er den kühnen und doch so fruchtlosen Versuch wagen wollte, dem riesigen Unterdrücker einen letzten Damm entgegenzusetzen (s. Profil Fig. 1, Seite 19 und die Abbildung Taf. V).

Doch wir verliessen die Dünen der Nehrung ja im vorigen Abschnitte im vollsten und üppigsten Waldesgrün, das Berg und Schluchten vollständig überzog. Wo ist er geblieben, der stolze hochstämmige Nehrungswald? — Nur noch zwei kleine Reste, aber in ihrer alten Pracht anderthalbhundertjähriger Kiefern, sind von ihm auf dem ganzen 12 Meilen langen Zuge der hohen Dünen geblieben. Wie ein räthselhafter schwarzer Fleck fesselt unsern Blick schon aus weiter Ferne der bereits auf eine kleine $^1/_4$ Meile zusammengeschmolzene Hochwald über Nidden und ebenso weiter nördlich der kaum noch über $^1/_2$ Meile lange Schwarzorther Wald. Aber auch diese Spuren alter Pracht schwinden trotz aller kostspieligen Bemühungen des Menschen vor seinen Augen mehr und mehr unter den alles zertretenden Dünenbergen. Ein Blick auf das ohne Zuthat der Natur entnommene Bildchen (s. Taf. IV) aus der nächsten Nähe Schwarzorth's wird den besten Beweis liefern.

Und die Spuren des übrigen Waldes? — In langen schwarzen Wellenlinien, wie er Berge und Schluchten einst überzog, kommt sein alter Boden bald hier, bald dort auf dem langen Zuge, wo der Seewind den tödtenden Sand bereits über ihn fortgejagt, ohne neue Berge darauf zu häufen, wieder zum Vorschein und in abenteuerlichen Gestalten starren an andern ähnlichen Stellen erst die der Verwitterung besser, als ihre Stämme trotzenden Wurzelstubben gespenstisch aus dem schon dünn gewordenen Sandmantel hervor. Letzte wirkliche Waldreste, die heute ebenfalls bereits verschwunden, findet man noch hier und da zerstreut auf den Anfangs dieses Jahrhunderts aufgenommenen schon oben erwähnten Karten der Nehrung.

Und was, so fragt man unwillkührlich, was vermochte diese gänzliche Veränderung der Scenerie hervorzubringen? — Alle Nachrichten weisen darauf hin, dass der Mensch, nicht ahnend die furchtbaren Folgen, durch leichtsinniges Entholzen den Winden und somit dem Flugsande freien Zugang öffnete und so die verheerende Kraft der Natur entfesselte, für die er das bannende Zauberwort nicht weiss.

Aber wenn die Nachrichten auch unleugbar wahr, die Entholzungen planlos und in der grossartigsten Weise stattgefunden*), sollte der Wald nicht auch allmälig, wie er entstanden, sich wenigstens theilweise ergänzt haben? Woher jetzt ohne die künstlich durch Fangzäune angehägerten Vordünen (s. S. 17), die den grössten Theil des neuen Sandes auffangen, die fast völlige Unmöglichkeit einer neuen, selbst künstlichen Bewaldung oder auch nur Berasung der Nehrung? — Hier liegt nothwendig noch ein andrer Grund verborgen. Der Mensch beförderte allerdings in hohem Grade durch Entholzen das Ein- und Vordringen des Flugsandes und den völligen Ruin des Waldes, aber die eigentliche Ursache hierfür liegt tiefer. Der Wald konnte sich bilden wie S. 63 schon angedeutet, als gegen das Ende der letzten Hebung der die Unterlage von Haff und Nehrung bildende feste Diluvialmergel, ähnlich wie bei Cranz, längs der Sarkauer Forst und bei Rossitten noch jetzt, auf der ganzen Länge der Nehrung in und über der Seeschälung erschienen war. Ein gleiches Aufkommen des Waldes ist heut eine Unmöglichkeit, wo dieser feste Boden bis auf die genannten Stellen überall unter dem Seespiegel liegt, nur Sand in und über der Schälung sich findet, der von den fast beständig wehenden Seewinden ebenso beständig landeinwärts getrieben, jede junge Pflanzung ertödtet (s. S. 64). Ob er es vermocht hätte, auch ohne des Menschen Hülfe den schon vorhandenen alten Wald zu zerstören? — Gründe dafür und dawider lassen sich anführen. Jedenfalls aber leuchtet ein, dass ihm das Zerstörungswerk durch jede entholzte Lücke von der Seeseite her unendlich erleichtert wurde, während andrerseits auch das Niederschlagen des Waldes nicht im Entferntesten die furchtbaren Folgen hätte haben können, wenn die Küstenverhältnisse noch dieselben gewesen wie früher, zu Ende der Hebungsperiode.

---

*) Eine grosse Anzahl Güter und sonstige Freibauholzberechtigte jenseits des Haffes, selbst noch weit landeinwärts bis Tilsit und andrerseits im Labiau- und Schaaken'schen, sowie auch sämmtliche Domainenämter jener Gegenden waren mit ihrem Bau- und Brennholz auf die Nehrung angewiesen (s. a. Wutzke Pr. Prov.-Bl. V. p. 305), von wo dasselbe über Eis zur Winterszeit leicht zu beschaffen war, ein Recht, das jedenfalls auch zu mannigfachen Missbräuchen Veranlassung gegeben. Theerschwelereien alljährlich zur Sommerszeit über See herübergekommener Schweden, deren mitgebrachte Geschenke, bestehend in niedlichen Holzkörbchen u. dgl. noch jetzt z. B. in der Jahrhunderte lang zu Schwarzorth angesessenen Familie Schmick aufbewahrt werden, fanden mit und ohne Erlaubniss vielfach statt. Ein grosser Theil der Waldungen soll auch durch den grossen Kurfürsten, aus Besorgniss, dass die Schweden sich hier festsetzen würden, niedergebrannt sein und endlich steht es fest, dass im siebenjährigen Kriege die russischen Truppen, unter denen die Nehrungsdörfer überhaupt furchtbar zu leiden gehabt, rücksichtslos in den gebliebenen Resten der Waldung hausten.

So begann denn die grossartige Wanderung der Dünen in der vorhin bereits angedeuteten Weise. Eben die Grösse des in Europa an ähnlichen Punkten nur in annähernder Weise bekannten Phänomens*) gab mir Veranlassung zu speciellen Untersuchungen. Die grosse Tragweite der dabei sich ergebenden, zwar weniger neuen oder unerwarteten, als vielmehr bisher nie schärfer in's Auge gefassten Resultate, namentlich für die Zukunft jener Gegenden, lässt dieselben geeignet erscheinen, als ein mehr in sich abgeschlossenes Ganze in einem besonderen Abschnitte behandelt zu werden.

VII.

Das Wandern der Dünen
auf der kurischen Nehrung.

Grossartigkeit der Erscheinung. — 3 Profile von Kunzen. — Vergleiche der vorhandenen Kartenaufnahmen. — Sich ergebende Uebersichtskarte der Dünenwanderung in den letzten 24 Jahren (Taf. I). — Sicherheit ihres Resultates. — Irrthümliche frühere Ansicht von einem Wandern der Nehrung selbst. — Messung des Dünnen-Vorrückens (Tabelle A). — Vergleiche mit anderwärts angestellten Messungen. — Richtung der Dünenwanderung. — Abweichen von derselben. — Parallelismus des Dünenkammes mit der Küste. — Wachsen der Nehrungsbreite. — Hakenbildung (Tabelle B) — Abspülungen.

Grossartig darf man diese Dünenwanderung wohl mit Fug und Recht nennen, nicht nur der durch sie in Bewegung gesetzten wahrhaft kollossalen Sandmassen halber, sondern auch um der schon jetzt sichtbaren Folgen willen. Denn einmal, um früher Gesagtes zu wiederholen, werden die verhältnissmässig weit bekannteren Dünen der schleswig' und jütischen Küste, sowie Hollands um das Doppelte und Dreifache an Höhe von den Dünen der kurischen Nehrung übertroffen (Dr. Maak in seinem Aufsatze die Dünen Jütlands resp. Andersen in seinem Werk „Om Klittformationen“ giebt die durchschnittliche Höhe der dortigen Dünen auf 30 bis 50 Fuss, höchste Punkte bis zu 100 Fuss an, während unsre Dünen auf die Erstreckung mehrerer Meilen durchschnittlich 120 bis 150 Fuss Kammhöhe und nahe an 200 Fuss hohe Gipfel zeigen). Andrerseits sind in den letzten Jahrhunderten nicht weniger denn 6 Dörfer (Alt und Neu Pillkoppen gar nicht einmal mitgerechnet) nicht etwa nur durch Sandwehen unwohnlich gemacht, sondern derartig begraben, dass der hohe Dünenkamm jetzt entweder unmittelbar auf der Dorfstätte selbst steht, wie bei Carwaiten, wo er sich 186 Fuss hoch über der Stätte thürmt, oder diese bereits gar auf der Seeseite des Berges wieder zum Vorschein kommt, wie solches bei Kunzen der Fall und durch die Profile Fig. 12—14 auf Seite 88 anschaulich wird.

Schon ein Blick auf die alte Schröttersche Karte gegenüber den heutigen Generalstabsblättern, lässt Niemand in Zweifel, dass eine merkliche Dünenwanderung innerhalb der zwischen beiden Aufnahmen liegenden circa 60 Jahre stattgefunden; jedoch die Ungenauigkeit der zwar für damalige Zeiten unübertroffen dastehenden Schrötterschen Karte, macht jeden eingehenderen Vergleich zwischen beiden Aufnahmen und darauf gründenden Schluss über

*) Siehe S. 15 ff.

Richtung und Maass der Wanderung zur Unmöglichkeit, wie mich mehrfache vergebliche Versuche überzeugten. Die Zeit zwischen den 1841 publicirten Küstenkarten und den letzten Aufnahmen des Generalstabes schien mir aber zu kurz*), die Uebereinstimmung in Form und Zahl der Berge, sowie in deren Stellung zu einander dem angemessen zu auffallend, als dass ich mir hievon einen bessern Erfolg versprach. Um so grösser war mein Erstaunen und meine Freude, als ein mit möglichster Genauigkeit ausgeführter Vergleich mir das in einem besonderen Kärtchen wiedergegebene Resultat ergab, wonach allerdings fast jede Hauptbiegung des Dünenkammes, fast jeder Berg auch in annähernd derselben Form in beiden Aufnahmen zu finden ist, und somit gerade die Genauigkeit der Aufnahme beweist, aber in merklich grösserer Entfernung von der See, in sichtbar geringerer vom Haffufer. Der grosse Vortheil genauer topographischer Karten einer Gegend und zeitweiser Revision derselben, hat sich also für den vorliegenden Fall bereits aufs Glänzendste bewährt, denn die zu ganz andern Zwecken und völlig unbefangen ausgeführten beiden Messungen, ergeben unbewusst in ihrer auf Taf. I gegebenen kritischen Zusammenstellung das Deutlichste und zugleich sicherste Bild dieser Dünenwanderung innerhalb noch nicht 25 Jahren.

Ein Irrthum kann hierbei in keiner Weise stattgefunden haben, denn Ungenauigkeiten in der ersten der beiden Aufnahmen können das Resultat eben so wenig ändern, als die in Uebereinstimmung mit früheren Auseinandersetzungen und auf an Ort und Stelle gewonnene Ueberzeugung hin gemachte Annahme, dass die Küstenlinie der Ostsee für beide Karten als feststehende Basis zu betrachten. Angenommen nämlich, sie wäre |das nicht, rücke vielmehr, wie früher irrthümlich meist angenommen, mit der ganzen Nehrung landeinwärts (der umgekehrte Fall ist nie behauptet worden und wird auch vom keinem Kenner der Nehrung behauptet werden können), so würde die Entfernung zwischen Dünenkamm und Küste dadurh gerade verringert. Da sich aber trotzdem eine so bedeutende Vergrösserung der Entfernung herausstellt, so bleibt nur übrig, dieses Resultat noch um das von der See gewonnene Terrain zu vergrössern, somit eine noch schnellere, als augenscheinlich bewiesene Dünenwanderung anzunehmen oder das Resultat als einen direkten Beweis gelten zu lassen gegen die schon früher an andrer Stelle widerlegte Ansicht, als rücke die Nehrung selbst, wie eine Sandbank, allmälig haffeinwärts. Während die Urheber und Vertheidiger dieser Anschauung dieselbe nämlich grade aus der konkaven Gestalt der Küstenlinie gewonnen haben, welche diese doch mehr oder weniger mit den meisten Meeresbuchten theilt, scheint mir gerade diese regelmässige Einbuchtung den Gegenbeweis zu liefern. Wäre dieselbe nämlich Folge des in der Mitte schnelleren Vorwärtsrückens der Nehrung selbst, so wäre es ein mehr wie wunderbarer Zufall, dass die beiden, den Seespiegel überragenden und also nicht, wie die unter demselben leichter wegzuleugnenden Streifen festen Diluvialgebirges gegenwärtig gleichzeitig von dem Nehrungsbogen erreicht oder vielmehr in ihn aufgenommen sein sollten ohne auch nur die geringste Krümmung oder Ausbuchtung hervorgebracht zu haben. Zum wenigsten müsste sich eine solche Ausbuchtung bei Rossitten in den heutigen Karten gegenüber der vor 300 Jahren entworfenen Henneberger'schen Karte erkennen lassen, während man bei diesem Vergleiche, dürfte man überhaupt der alten Karte soviel Genauig-

*) Die topographische Aufnahme zu der im Jahre 1841 vom Ministerium publizirten Küstenkarte wurde auf Grund des 1836 unter Leitung des damaligen Oberst Baeyer stattgefundenen Gradmessung in den Jahren 1837, 38 und 39 von Offizieren des Generalstabes ausgeführt. Die jetzigen Generalstabskarten dieser Gegend wurden im Lauf der Jahre 1859 – 61 aufgenommen, so dass der äusserste Termin der Zwischenzeit nur 24 Jahre beträgt (nicht 25 Jahre, wie der Titel von Taf. I. irrthümlich besagt).

keit beimessen, grade das Gegentheil, ein damals schon grösseres Vorrücken der Nehrung erkennen müsste.

Die Nehrung steht vielmehr, um früher Gesagtes hier kurz zu wiederholen, fest wie jedes andere Ufer*); der auf der älteren Grundlage aufgehäufte Sand aber hat sich, wo er den Wasserspiegel überragt, zu Dünen aufgehäuft und wandert als solche allmälig über die Nehrung fort dem Haffe zu.

Betrachten wir nun die Resultate der Taf. I. genauer, so zeigt die damalige und die jetzige Lage des Dünenkammes,

1) eine messbare bedeutende Wanderung desselben;

2) die genauere Richtung dieser Wanderung;

3) lokale Abweichungen von der allgemeinen Richtung,

und gleichzeitig ergiebt ein Vergleich der Uferlinien

4) das Wachsen der Nehrung nach dem Haffe zu.

Die Messung des Dünenvorrückens war bisher, da bestimmte Beobachtungen fehlten, nur auf eine ungefähre Schätzung nach dem Augenschein oder nach vereinzelten Angaben von Nehrungsbewohnern beschränkt. Wie nach letzteren und zugleich naturgemäss zu erwarten, musste die Schnelligkeit der Wanderung an verschiedenen Punkten auch ziemlich verschieden sein und es empfiehlt sich daher wohl zur Bestimmung der Durchschnittsgeschwindigkeit, als am sichersten zum Ziele führend, eine in gleichmässigen Abständen längs der ganzen Nehrung auf Taf. I, auszuführende genaue Messung. Eine solche ist in der folgenden Tabelle in Abständen**) von $^1/_2$ zu $^1/_2$ Meile sowohl auf der See- wie auf der Haffseite zwischen dem ehemaligen und dem jetzigen Fuss der Düne ausgeführt worden.

---

*) Von lokalen Abspülungen der See, wie im innersten Winkel der samländisch-kurischen Bucht bei Cranz und längs der Sarkauer Forst (also ebenso gut vom Festlande wie von der Nehrung), ist hierbei eben nicht die Rede.

**) Die zu diesem Behufe rechtwinklich auf die Seeküste gezogenen Linien sind nicht in die Karte getragen, können aber leicht rekonstruirt werden, wenn man die nördlichste derselben durch den Sandkrug gegenüber Memel zieht und von derselben in Abständen von $^1/_2$ Meile senkrechte zur Seeküstenlinie zieht. Nur bei Rossitten und Kunzen musste von den senkrechten etwas abgewichen werden, da die West-Ost-Richtung hier entschiedener zur Geltung kommt.

Tabelle A.

Oestliches Vorrücken des Dünenfusses.

Nr.	Angabe des Ortes.	In 24 Jahren. Seeseite. Ruthen.	Haffseite. Ruthen.	Durchschnittl. Ruthen.	Jährlich. Seeseite. Fuss.	Haffseite. Fuss	Durchschnittl. Fuss.
1	Bei Sandkrug gegenüber Memel	70	54	62	35	27	31
2	Bei der Gr. Hirschwiese . . .	30	20	25	15	10	$12\frac{1}{2}$
3	Nördlich des Bärenkopf . . .	25	50	$37\frac{1}{2}$	$12\frac{1}{2}$	25	$18\frac{3}{4}$
4	$1\frac{1}{2}$ Meile südlich Sandkrug .	6	95	$50\frac{1}{2}$	3	$47\frac{1}{2}$	$25\frac{1}{4}$
5	Nördlich des Schwarzorther Waldes	39	20	$29\frac{1}{2}$	$19\frac{1}{2}$	10	$14\frac{3}{4}$
6	Bei der Kirche von Schwarzorth	−28	0	−14	−14	0	−7
7	Bei der Dorfstelle Alt Neegeln	78	45	$61\frac{1}{2}$	39	$22\frac{1}{2}$	$30\frac{3}{4}$
8	Nördlich der Libis-Bucht . .	42	75	$58\frac{1}{2}$	21	$37\frac{1}{2}$	$29\frac{1}{4}$
9	Südlich der Dorfstelle Aigella	−17	42	$12\frac{1}{2}$	$-8\frac{1}{2}$	21	$6\frac{1}{4}$
10	Zwischen Perwelk u. Carwaiten	41	15	28	$20\frac{1}{2}$	$7\frac{1}{2}$	14
11	Bei der Kl. Preilschen Bucht	−15	54	$19\frac{1}{2}$	$-7\frac{1}{2}$	27	$9\frac{3}{4}$
12	Am Bullwikschen Berg	15	75	45	$7\frac{1}{2}$	$37\frac{1}{2}$	$22\frac{1}{2}$
13	Am Urbo Kalns bei Nidden .	13	15	14	$6\frac{1}{2}$	$7\frac{1}{2}$	7
14	Am Grabster Haken	91	55	73	$45\frac{1}{2}$	$27\frac{1}{2}$	$36\frac{1}{2}$
15	Am Caspalege-Berg b. Dorfstelle Neu Pillkoppen . .	25	45	35	$12\frac{1}{2}$	$22\frac{1}{2}$	$17\frac{1}{2}$
16	Am Altdorfer Berg b. Skilwit-Haken	15	55	35	$7\frac{1}{2}$	$27\frac{1}{2}$	$17\frac{1}{2}$
17	Durch den Predin-Berg . . .	5	75	40	$2\frac{1}{2}$	$37\frac{1}{2}$	20
18	Durch den Schwarzen Bg. b. Rossitten	41	88	$64\frac{1}{2}$	$20\frac{1}{2}$	44	$32\frac{1}{4}$
19	Durch den Neu Kunzener Berg	28	50	39	14	25	$19\frac{1}{2}$
20	Nördlich der Dorfstelle Stangenwalde	5	6	$5\frac{1}{2}$	$2\frac{1}{2}$	3	$2\frac{3}{4}$
21	Zwischen Alt u. Neu Lattewalde	14	25	$19\frac{1}{2}$	7	$12\frac{1}{2}$	$9\frac{3}{4}$
22	Durch die Weissen Berge . .	42	55	$48\frac{1}{2}$	21	$27\frac{1}{2}$	$24\frac{1}{4}$
		25,17	46,09	35,89	12,84	23,04	17,94

Zur Feststellung des Grades der Genauigkeit vorliegender Messungen noch einige Worte! Bei Annahme eines Fehlers in der Messung von 2 Ruthen würde sich derselbe für das bezweckte Endresultat der jährlichen Wandergeschwindigkeit durch die ausgeführte Theilung durch 24 auf 1 Fuss duod. verringern, ja selbst bei 5 Ruthen ursprünglichem, bei wirklicher Genauigkeit trotz des kleinen Massstabes nicht leicht zu überschreitenden Messungsfehler würde der Fehler des Resultates (Columne der jährlichen Wanderung) doch nur erst einen Schritt betragen.

Das arithmetische Mittel der aus der Tabelle für die einzelnen Punkte hervorgehenden Wandergeschwindigkeit beträgt somit 17,9 oder fast 18 Fuss im Jahre, und wir werden dieses Ergebniss später anzustellenden Berechnungen um so getroster zu Grunde legen können, als eine Ueberschätzung der Geschwindigkeit schon um deshalb nicht stattgefunden haben kann, weil darauf hin für die Begrenzung des Zeitraumes schon die äussersten Jahreszahlen der betreffenden Aufnahmen (1837 u. 1861, s. Anmerk. auf S. 83) gewählt wurden, obgleich man berechtigt gewesen wäre, den mittleren Zeitunterschied beider, also 22 Jahre, der Rechnung zu Grunde zu legen.

Wie wichtig die annähernd sichere Feststellung einer solchen Zahl für darauf zu gründende mannichfache Berechnungen ist, liegt auf der Hand und wird sich in der Folge des Weiteren zeigen. Hier nur noch einige Vergleiche mit anderwärts angestellten Messungen!

Der ehemalige Dünenbau-Inspektor Krause in seinem „Dünenbau an den Ostseeküsten Westpreussens“ schätzt das Fortschreiten der dortigen Düne, wo sie auf hohe und feste Gegenstände, z. B. auf einen Wald trifft, auf jährlich nur 12 Fuss, wo sie sich aber frei bewegen kann, auf 24 Fuss im Jahr. Dr. Maak*) berechnet das Vorrücken der Düne bei Ordning in Schleswig auf jährlich 17 Fuss. Andersens Beobachtungen über das Wandern der Düne beziehen sich meist auf zum Theil bewachsene oder doch künstlich gedämpfte Dünen und eignen sich daher auch weniger zum Vergleich Immerhin aber fand auch er z. B. bei der fast alljährlich bepflanzten Steenhoi-Düne als Mittel in einem Zeitraum von 60 Jahren noch immer eine Wandergeschwindigkeit von 7 Fuss im Jahr.

Die Richtung des Fortschreitens scheint auf den ersten Blick eine zur Strandlinie rechtwinkliche, d. h. also im nördlichen Theile der Nehrung, wo letztere die Süd-Nordrichtung ziemlich innehält, eine west-östliche, in der Mitte und dem südlicheren Theile aber, dem gegen NW. gekehrten Strande entsprechend, eine mehr südöstliche.

Betrachtet man Taf. I. aber genauer, so lässt sich auch an letzteren Orten eine Neigung zum Vorwalten der rein östlichen Richtung nicht verkennen**). Der zusammenhängende Kamm der Düne rückt zwar ziemlich gleichmässig von dem Seestrande ab und zeigt somit immer diesem parallel die SW.-NO.-Richtung, ist aber meist trotzdem nicht um das Mindeste zugleich südlicher gerückt, wie doch andernfalls nothwendig der Fall sein müsste. Vorsprünge und Einbuchtungen des Kammes lassen das Gesagte am besten erkennen. Als Beispiel nenne ich vorzüglich die Gegend nördlich und südlich Nidden.

Am ausgeprägtesten kommt diese, trotz des gegen NW. gekehrten Strandes hervortretende WO.-Richtung zur Geltung in den ohne jeglichen Zusammenhang auf weiter, ebener Fläche stehenden Einzelbergen bei Rossitten. Ein Blick auf ihr Vorrücken in Taf. I. lässt keinen Augenblick die genannte Richtung verkennen. Die einzige Ausnahme bildet die Lange Plick (der kleine , hart auf dem Haffufer stehende kammartige Berg), deren Wanderrichtung aber auch nothwendig durch die, einen Theil des Windes abfangenden beiden Nachbarberge (Schwarze und Runde Berg) beeinflusst werden muss.

Wirkliche Ausnahmen von der allgemeinen Wanderrichtung der Nehrungsdünen zeigen sich in nur sehr beschränktem Masse, denn auch, wo solches an Stellen auf den ersten Blick der Fall zu sein scheint, lässt sich die Abweichung meist mit Leichtigkeit und naturgemäss auf eine ausnahmsweise Beschleunigung oder Verlangsamung der Bewegung in der allgemein geltenden Richtung zurückführen.

Dieses zumeist schnellere Vorrücken wird in der Regel bewirkt durch Winddurchrisse oder ursprüngliche Unterbrechungen des Dünenkammes. Mit erhöhter Kraft drängt sich der Wind durch die ihm eine freie Bahn eröffnenden Lücken und bewirkt auf diese

*) A. a. O.

**) Man beachte die verschiedene Lage zur Nordlinie in den beiden Nehrungshälften auf Taf. I.

Weise ein ungleichmässiges Vorschieben der beiderseitigen Kammenden, die nun nach Süden oder Norden umgebogen erscheinen. Eine in der Folge sich vorwiegend geltend machende Einwirkung, in dem einen Falle des NW.-, in dem andern des SW.-Windes kann nicht geleugnet werden, ist vielmehr naturgemässe Folge der durch das Vorschieben veränderten Längsrichtung des Kammes.

Es entspricht dies vollständig dem schon früher (S. 19) bei der geognostischen Beschreibung der Nehrung besprochenen Umbiegen des Nord- und Südendes mehrerer der Rossitter Einzelberge, die dadurch eine halbkreisförmige Gestalt angenommen haben. So ist das Nordende der Weissen Berge, wo diese von den Lattenwalder Bergen getrennt, merklich nach Süden umgebogen.

Noch deutlicher wird diese Umbiegung des bis dahin dem Seeufer parallel verlaufenden Kammes bei dem früheren Dorfe Kunzen. Die vielen kleinen Teiche, von denen die Karte nicht weniger denn 9 erst seit 1840 versandet zeigt, und der grosse ebenfalls in dieser Zeit bedeutend eingeschränkte Rossitter See deuten noch unverkennbar ein einst hier bestandenes Seetief an. Die ursprünglich an der Küste entstandene gradlinige Dünenkette war durch die Ausmündung desselben von Anfang an unterbrochen. Die in Rede stehende, in einem solchen Durchschnitte noch weit energischere Wirkung des Windes verursachte ein ungleich schnelleres Vorgehen auf der Südseite des Tiefs. Die so vorgeschobenen Dünenberge begruben einst Kunzen, das in den 30er Jahren dieses Jahrhunderts völlig unter ihnen verschwunden war, seit dieser Zert aber bereits mit seinem Kirchhofe der Kirchstelle und anderthalb Hausstellen (durch die beiden Kreuze auf Taf. I. bezeichnet) hinter dem Berge wieder zum Vorschein kommt.

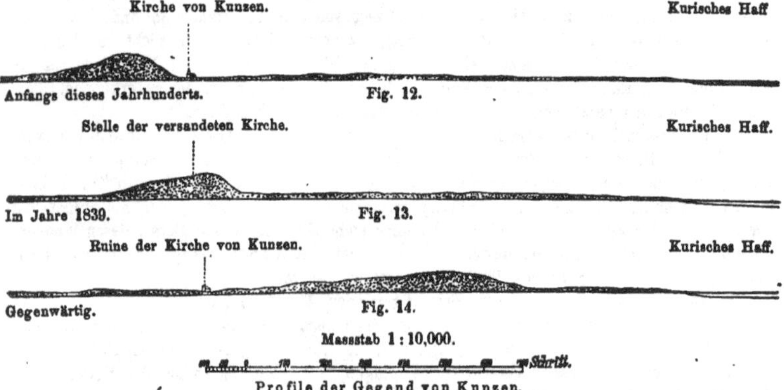

Fig. 12.
Fig. 13.
Fig. 14.
Profile der Gegend von Kunzen.

Am deutlichsten aber zeigt sich diese Kraftsteigerung und nebenbei Unregelmässigkeit des Windes in dem schmalen und tiefen Winddurchrisse bei Pillkoppen, wo bei Entstehung desselben sich ein langer Dünenarm vorgeschoben, wie ihn die Aufnahme von 1837 noch verzeichnet, während er jetzt getrennt als Einzelberg in's Haff wandert, der eigentliche Kamm sich aber einerseits vorgeschoben, andrerseits durch neue Anhäufung rückwärts verlängert hat.

Wie hier meist eine Beschleunigung, so findet andrerseits an einigen Stellen eine Verlangsamung des Vorrückens statt. Die niedrigsten Zahlen finden wir in der Tabelle A.

a. nördlich der Dorfstelle Stangenwalde,
b. am Urbo Kalns bei Nidden,
c. südlich der Dorfstelle Aigella,
d. bei Schwarzorth.

Am letzgenannten Punkte ergiebt sich sogar ein Rückwärtswachsen der Düne. Der Punkt wird in der Folge an betreffender Stelle eine nähere Erörterung finden. Hier möge nur soviel erwähnt werden: hier sowohl wie bei Nidden zeigt sich das Zurückbleiben der Wanderdüne grade auf der ganzen Längs-Erstreckung einerseits des Schwarzorther, andrerseits des Niddener Hochwaldes und kann die Ursache somit nicht zweifelhaft sein.

Der vierte Punkt, unweit der Dorfstelle Aigella, ist nur ein scheinbarer Beleg für stellenweise Verlangsamung und muss ausser Betracht bleiben, weil die niedrige Zahl der Tabelle offenbar nur verursacht wird durch die seitliche theilweise Zuwehung der hier 1837 bereits tieferen Einbuchtung des Westfusses. Die Düne selbst aber ist garnicht unbedeutend gewandert und also grade an dieser Stelle nur gleichzeitig noch verbreitet.

Aus dem allen geht somit hervor, dass unter den über die weite Fläche des Meeres hinstreichenden und somit allein bei der Dünenbildung zur Geltung gelangenden Winden wieder die westlichen die hier vorherrschenden oder stärksten sind, dass ferner der ganze Dünenkamm ein ziemlich genau westöstliches Vorrücken zeigt; Beschleunigungen und theilweise Richtungsänderungen vorzugsweise statthaben an Stellen, wo der Kamm unterbrochen, Verlangsamung nur da, wo entgegenstehender Hochwald die Luftströmung hemmt.

Wenn trotzdem die Längsrichtung des Dünenkammes nicht völlig rechtwinklich auf diese herrschenden W.-Winde erscheint, vielmehr in offenbarem Zusammenhange mit der Küstenrichtung verläuft, so ist der Grund hiefür eben in der Entstehungsart der Dünen zu suchen. Schon früher (S. 61) wurde bemerkt, dass der Dünenkamm oder -Zug sich bildet durch Berührung und Zusammenschmelzen neben einander gegen die herrschende Windrichtung angehäufter Sandmassen und Hügel, wie solches auf dem Nordende der Nehrung, Memel gegenüber und noch besser auf dem Südende in den Weissen Bergen deutlich erkennbar ist. Da aber das ausser dem Winde als zweite Bedingung zur Dünenbildung nothwendige Vorhandensein losen Sandes überall bereits am Strande gegeben war, so folgte daraus von selbst der Parallelismus der Hügelreihe und des in der Folge aus ihr entstandenen Kammes mit dem Strande.

Endlich ergiebt sich noch aus Taf. I. bei Betrachtung der damaligen und der jetzigen Uferlinie ein merkliches Wachsen der Nehrungsbreite nach dem Haffe zu. Ein solches ist den Nehrungsbewohnern bereits längst bekannt. Der einfache Fischer jener Gegend erklärt jeden Haken*) ohne Bedenken für einen schon in's Haff gewehten Berg. Die Angaben darüber gehen aber nicht minder als bei der Angabe der Wandergeschwindigkeit sehr auseinander, wie solches auch in der Erscheinung selbst begründet ist. Der in Taf. I. angestellte Vergleich macht auch diese Zunahme in gewissem Grade messbar. Bevor ich jedoch auf bestimmte Zahlen näher eingehe, möge über die Art und Weise dieser Hakenbildung

*) So nennt, wie bereits S. 18 zur Sprache gebracht, der Nehrunger die dreieckigen oder halbkreisförmigen Vorsprünge des Haffufers.

und ihren ursächlichen Zusammenhang mit der Gestalt des Dünenkammes noch Einiges bemerkt werden.

Bei aufmerksamer Betrachtung der Taf. I. oder überhaupt des jetzigen Dünenkammes und des jetzigen Haffufers fällt gar bald auf, wie fast durchgehends jedem grösseren Haken in ziemlich genau westlicher Richtung (der eben nachgewiesenen Wanderrichtung) eine Einbuchtung des Dünenkammes von der Seeseite her oder ein direkter Durchriss desselben entspricht. Ebenso wie die Wirkung des Windes in einem solchen Einschnitte sich erhöht, so ist auch eine jede Einbuchtung gewissermassen als ein Windfang zu betrachten: die nächste Einsattelung des Kammes wird benutzt oder es bildet sich sehr bald eine solche aus und selbst bei gelindem Winde findet hier stets ein merkliches Sandwehen statt. Das Ergebniss sind eben die grossen und kleinen, noch weit in's Haff hinein durch Flachwasser sich bemerkbar machenden Haken.

Das Wachsthum derselben ist nun an verschiedenen Stellen auch sehr verschieden.

In welcher Weise die Vergrösserung an jedem bestimmten Punkte stattfindet, lässt sich ungefähr aus Taf. I. erkennen. Im Allgemeinen lässt sich nur sagen, dass das grösste Wachsthum sich in der Regel auf der Spitze des Hakens zeigt.

Für den höchsten Grad desselben möge folgende Tabelle einigen Anhalt geben, in der das für die Jahre 1837—61 sich ergebende ungefähr grösste Wachsthum der Haupthaken zusammengestellt und für dieselben daraus das Maximum der jährlichen Zunahme berechnet ist.

Tabelle B.

Name der Haken.	Maximum der Zunahme in 24 Jahren. Ruthen.	Maximum der Zunahme jährlich. Fuss.
Neegelnsche Haken . . .	70	35
Birschwintsche Eck . . .	35	17½
Bulwiksche Haken . . .	45	22½
Radsen-Haken	75	37½
Grabster-Haken	50	25
Caspalege-Haken	70	35
Martsch-Haken	50	25
Möwen-Haken	25	12½
Durchschnittlich	52½	26¼

Aber auch ausser in diesen Haken findet durch das stete Hineinwehen des Sandes an sehr vielen Stellen eine allmälige Verbreiterung der Nehrung statt. Namentlich geht solches sicher und ununterbrochen vor sich, wo, wie beispielsweise zwischen Schwarzorth und Aigella, oder beim Predin nördlich Rossitten der hohe Dünenkamm das Haffufer bereits erreicht hat und jedes, die Sturzdüne hinabgleitende Sandkörnchen direkt zur Verbreiterung beiträgt, weil, mit Ausnahme des nördlichen Theiles, eine Küstenströmung nicht vorhanden, im Uebrigen aber das Haff hier nur bewegt ist bei östlichen Winden, die eben eine Fortführung des Sandes vom Ufer nicht zur Folge haben können.

Auch Schumann hat eine Bestimmung des Wachsthums der Nehrungsbreite nach dem Haffe zu, an einer Stelle versucht. Er schätzte damals*) den Streifen Landes, der sich den dortigen Nachrichten zu Folge seit 30 Jahren am Fuss des Gasthofhügels in Nidden, dem frühern Haffufer, gebildet hatte auf 300 Schritt Breite „wonach hier die Nehrung jährlich um 10 Schritt wächst". Leider habe ich die Stelle nicht wieder gemessen, da ich die Notiz erst später fand**).

Nur an einigen Stellen erleidet die Nehrung an der Haffseite gleichzeitig auch Verluste durch Abspülung. Ich sage gleichzeitig, denn auch an diesen Stellen ist es nur ein zeitweises Ueberwiegen der Abspülung über die stetige Zunahme und also in Wahrheit nur eine Beschränkung des Wachsthums. So hat namentlich, wie ein Blick auf Taf. I zeigt, das Nehrungsufer auf- wie abwärts Memel von der Stelle an, wo die Verengung des Haffausflusses beginnt in den 24 Jahren vielfach eine entschiedene Abspülung bis zu ca. 20 Ruthen, mithin 10 Fuss im Jahr erlitten. Der Grund ist wohl mit Sicherheit in der allmälig immer ausgedehnteren Befestigung des Memeler Festlandsufers zu suchen.

Die stellenweise Beschränkung des Ansatzes lässt sich am Besten aus der Gestalt des Nehrungsufers vom Neegeln'schen Hafen südlich Schwarzorth bis Memel hin verfolgen. Die aus den Flüssen, namentlich dem Russstrom kommenden Wasser treffen von hier an, bei stetig sich verschmälerndem Haff auf das Nehrungsufer und verhindern trotz ihres so schwachen Stromes jede grössere Hakenbildung. Der beständig hineingewehte oder direckt von der Sturzdüne hineingeglittene Sand wird daher ebenso stetig vom Wasser geebnet und so entsteht statt eines direkt sich bildenden Landansatzes eine immer grössere Verflachung dieser ganzen Gegend des Haffes, die sich auch für die Schifffahrt bereits auf sehr unangenehme Weise geltend macht.

VIII.

Dünen-Befestigung

auf der kurischen Nehrung.

Dünenbefestigung auf der Nehrungsspitze bei Memel. — Erste Anlagen am Wurzelende bei Cranz und Sarkau. — Verfahren dabei. — Aufgeben der geschlossenen Fortführung der Dünenbefestigung. — Heutige Ausdehnung derselben. — Ueberschätzung der Sandgräserpflanzungen. — Dieselben als fressender Krebs. — Gegenwärtig leitende Grundsätze. — Gegenwärtige Geldmittel. — Resultate. — Gefahr der Versandung an keinem der drei Punkte beseitigt. — Langsame Hülfe ist hier gar keine Hülfe. — Wanderung des Dünenkammes unaufhaltsam. —

---

*) Schumann 1859. „Ein Wald unter dem Walde."

**) Die übrigen vielfach zerstreuten Stellen, in denen Schumann ein Vorrücken des Haffufers berechnet, beziehen sich sämmtlich auf Punkte, die eigentlich mehr nur Zeugnisse für das Vorrücken der Dünen geben. So schätzt er in dem kleinen Aufsatze „Memento mori" die Entfernung der $^{3}/_{4}$ Meilen südlich Schwarzorth gelegenen alten Preussengräber auf 141 Ruthen vom Haffe und sagt: „Nehmen wir an, dass diese Stätte ehedem 25 Ruthen vom damaligen Haff abgestanden, so muss seit jener Zeit die Nehrung um 116 Ruthen nach Osten vorgeschritten sein." Ebenso berechnet er bei einer ganz benachbarten Gräberstelle unter derselben Voraussetzung das Vorrücken des Haffufer um 135 Ruthen. Desgleichen erhält er in dem kleinen Aufsatz „Ein Sturm" an einer alten Dorfstelle circa $1^{1}/_{2}$ Meilen nördlich Schwarzorth, die er Preussenorth benannt, unter

Diesem vorhin beschriebenen und in seinen bereits sichtbaren Folgen soeben besprochenen Wandern der Dünen Einhalt zu thun, war, sobald es erkannt wurde, eifriges Bestreben einerseits der Regierung, andrerseits, auf der Nehrungsspitze, der hier am nächsten interessirten Memeler Kaufmannschaft.

Die drohende völlige Versandung des Haffausflusses und somit des Memeler Hafens zwang endlich die Memeler Kaufmannschaft energische Massregeln zu ergreifen gegen das immerhin doch, wie richtig erkannt wurde, die eigentliche Schuld tragende Wandern der Dünen auf der Nehrung und über dieselbe fort. Mit bedeutenden Kosten suchte man seit den letzten Jahrzehnten durch Bepflanzung die unzähligen kleinen Dünen, Memel und seinem Hafen gegenüber, festzulegen, wie solches derselben Corporation im Verein mit der Stadt in dem grossen einstmaligen Flugsand-Terrain nördlich der Stadt auf dem festen Lande bereits so glänzend gelungen war. Mit Sandgräserpflanzungen allein begnügte man sich nicht. Ganze Morgen Dünen-Terrain bedeckte man mit Streu, mit Samenrispen, oder auch mit Lumpen und ähnlichen Abfällen, fuhr Baggererde und Ballast auf, kurz suchte auf alle erdenkliche Weise den Einfluss des Windes zu schwächen, die Bildung einer Grasnarbe zu befördern und bepflanzte endlich alle sich bereits eignenden Flächen mit passenden Laub- oder Nadelhölzern. So ist es der Kaufmannschaft bereits gelungen, ein gut Theil der Nehrungsspitze wirklich festzulegen und unausgesetzt werden die Arbeiten, für die man einen besonderen Förster angestellt hat, fortgesetzt. Hoffentlich werden sie jetzt, wo die Regierung selbst die Verwaltung des Hafens wieder übernommen hat, um so energischeren Fortgang finden.

Aber die hier in Rede stehenden Verhältnisse, sowohl die Dünen der Nehrungsspitze, als das Flugsandterrain der heutigen Stadt- und Kaufmanns-Plantagen nördlich Memel, sind kleinlich und verschwindend gegenüber den Sandmassen der übrigen Nehrung. Sind es auf der Nehrungsspitze die vielen kleinen Einzel-Dünen einer halben Meile Länge, so steht dem gegenüber der 11 Meilen lange Dünen-Kamm. Erreicht dort keiner der Sandhügel 50, die wenigstens 30 Fuss, so steigt dieser von der zwischen 60 und 150 Fuss schwankenden Kammhöhe bis zu beinah 200 Fuss. Verursacht nun aber schon ein so kleines, günstig zu nennendes Terrain so bedeutende, alljährlich nach Tausenden zu berechnende Kosten, so ist schon von vorneherein zu erwarten, dass wenn nicht sehr namhafte Summen alljährlich vom Staate darauf verwendet wurden, die Resultate des Dünenbaus der Nehrung überhaupt nur sehr geringe sein können. Ausser meinen eignen Anschauungen von dem gegenwärtigen Zustande der Dünenbefestigung verdanke ich der Güte des zeitigen Dünen-Bau-Inspektor Epha hierauf bezügliche nähere Mittheilungen, denen ich auch der Hauptsache nach hier folge.

Die Entwicklung und den Gang der Anstalten und Vorkehrungen zur Festlegung der Dünen der kurischen Nehrung von ihren Anfängen genau zu verfolgen, ist schwer und es lassen sich bei dem mangelhaften Zustande der Akten und den nur aus Fragmenten bestehenden, noch vorhandenen Anschlägen und Rapporten selbst die aufgewendeten Kosten nicht mit Sicherheit übersehen. Noch weniger ist ein bestimmter Operationsplan erkennbar. Die ersten Anlagen bei Cranz und Sarkau sind durch den Danziger (gebornen Holländer)

---

der gleichen Voraussetzung ein Vorschreiten von 245 Ruthen nach Osten. Alle diese Berechnungen sind eben, wie aus der Voraussetzung hervorgeht, nichts weiter als eine Annahme, sie beweisen nichts, obgleich sie völlig zutreffen können. Weit wichtiger scheint mir der Umstand, dass diese Stellen, die westlich der Düne jetzt frei werden, nothwendig einst östlich derselben gelegen haben müssen, die Wanderung der Düne also dadurch nicht nur bewiesen ist, sondern sogar berechnet werden kann.

Sörn-Biörn zu Ende der französischen Invasion gemacht, sodann von 1817 bis 1828 durch den Oberförster Bohm zu Cranz und von da ab bis zu dem Jahre 1864 durch den Dünen-Plantagen-Inspektor Senftleben fortgesetzt worden.

Erst seit 1827 werden die Akten vollständiger. Dieselben ergaben; dass in den 20 Jahren von diesem Zeitpunkte bis 1846 ca. 1500 Thlr.; in den 10 Jahren 1847—56 ca. 3200 Thlr.; von 1857—64 ca. 2000 Thlr. und von 1865 bis jetzt durchschnittlich 3000 Thlr. alljährlich zu Dünenbauzwecken auf der ganzen kurischen Nehrung verwendet worden sind.

Aus einem Reiseberichte des Oberforstmeisters von Pannewitz vom 2. Dezember 1829 geht hervor, dass man damals mit dem Dünenbau von Cranz aus bereits bis etwa 1 Meile hinter Sarkau, d. h. also soweit, als die sogen. Plantage in dieser Gegend der Nehrung auch heute erst reicht, vorgeschritten war und zwar derart, dass man

a) mittelst aufgeführter Strauchzäune eine äussere Vordüne gebildet und diese mit arundo arenaria bepflanzt,

b) hinter derselben Anpflanzungen von Weiden (namentlich salix cinerea L.), von Seekreuzdorn, hauptsächlich aber, in den vertieften Lagen, von Schwarzerlen angelegt hatte.

Zur Sicherung der von den hohen Dünen bedrohten Orte Rossitten, Nidden, Negeln (inzwischen versandet) Schwarzorth war noch nichts geschehen. Wahrscheinlich durch die praktischen Rathschläge, welche der vorerwähnte Reisebericht enthält, namentlich den „Abstand zu nehmen von der geschlossenen Fortführung der Dünen-Anlagen von Sarkau aus zu Gunsten der vorerwähnten Ortschaften“ ging man mit der Sicherung dieser allmälig vor.

Heut zu Tage finden wir in Folge dessen längs des Rossitter Strandes eine Plantage (Baumpflanzung) von 1¼ Meile Länge und eine solche auf die Länge einer ½ Meile bei Nidden. Mit der Bildung einer künstlichen Vordüne ist man bereits weiter vorgeschritten und besteht eine solche ausser bei Memel, längs des Schwarzorther Gebietes und auf dem grössten Theile der südlichen Nehrungshälfte.

Man befolgte also, und mit Recht, im Ganzen dasselbe, an dem Wurzelende der Nehrung bereits bewährte Verfahren. Ausserdem aber hatte man es hier mit den hohen, den Ortschaften zunächst, auch wenn ein weiterer Sandzuwachs in den Vordünen zurückgehalten wurde, Gefahr drohenden Wanderdünen zu thun. Man bepflanzte dieselben daher den bescheidenen Mitteln entsprechend mit Sandgräsern (arundo arenaria). Dies Verfahren, sagt Dünen-Inspektor Epha, war richtig und zunächst allein möglich, nur überschätzte man dasselbe und nahm an, dass auf diese Weise, wo die hohen Dünen mit Sandgräsern bepflanzt, die Gefahren für immer beseitigt wären. Die Natur des Sandrohres vereitelte diese Hoffnung jedoch. Dasselbe verlangt zu seinem Leben und Gedeihen einer periodischen Sandanhegerung und stirbt, wo diese ihm entzogen ist, je nach dem günstigeren oder ungünstigeren Standorte in 4 bis 6 Jahren ab, ehe eine genügende Benarbung eingetreten ist. So müssen denn noch jetzt jene vor mehr als 30 Jahren angelegten Sandgräserpflanzungen stetig erneuert und ergänzt werden und sind zum fressenden Krebs an den etatsmässigen, schon so geringen Geldmitteln geworden. Alle von der Dünen-Verwaltung seither gemachten Vorschläge den Benarbungs-Prozess zu beschleunigen, bedingten erheblich grössere Geldmittel, welche vor 2 Jahren zwar in Aussicht gestellt, aber nicht bewilligt worden sind.

Betrachtet man die bei dem gegenwärtigen Vorgehen der Dünen-Verwaltung leitenden Grundsätze, so kann man denselben nur beipflichten. In erster Linie steht die Unterhaltung der Vordünen und die Fortsetzung derselben, wo solche noch fehlen; die Erhaltung (nicht Nutzung) des zum grösseren Theile aus Kiefern-Schonung (Kusseln) bestehenden Waldes; die Erhaltung der künstlichen Gräserpflanzung bis zur vollständigen Benarbung, welche durch

Deckung mittelst in ihrer Reife gemähten Dünen-Gräsern und Gewächsen beschleunigt wird. Demnächst kann erst die Aufforstung des benarbten Dünen-Terrains durch Kiefern-Ballen-Pflanzung; eben nach Massgabe der Geldmittel erfolgen.

Betrachtet man nun aber die letzteren, so kann es auch bei dem flüchtigsten Blick auf die in Angriff genommenen Hauptpunkte der Nehrung Niemand befremden, dass der gegenwärtig etatsmässige Jahres-Fond von 3000 Thlr. (von 1857—64 waren es sogar nur 2000 Thlr.) kaum hinreicht, das Bestehende zu erhalten. Von demselben werden $^5/_6$ zur Unterhaltung und Erweiterung der Vordünen und Gräserpflanzungen verwandt und bleibt nur $^1/_6$ zur Erweiterung der Holzkultur, welche im günstigsten Falle mit 40 bis 50 Morgen jährlich vorschreitet.

Diese Baumpflanzung allein gewährt aber erst dem flüchtigen, durch die sogenannte feste Benarbung der Sandgräser eben nur bis zum Aufkommen einer Kiefernschonung gefesselten Boden dauernden Halt und, wo diese Baumpflanzung noch nicht von den Vordünen aus, in geschlossenen Jagen, die Kammhöhe der Düne erreicht hat, ist dem Wandern der letzteren auch noch kein Ziel gesteckt. An keinem Punkte des 11 Meilen langen hohen Dünenzuges ist dieses Ziel aber zur Zeit auch nur annähernd erreicht. Ja noch mehr: an einem einzigen Punkte hat die Kiefernschonung überhaupt erst den Abhang des Berges betreten; im Uebrigen beschränkt sie sich an sämmtlichen 4 Punkten nur erst auf die hinter den Vordünen liegende Platte der Nehrung, siehe Fig. 1 auf Seite 19, ja fehlt bei Schwarzorth noch so gut wie gänzlich.

Wenn dem entgegen die Dünen-Bau-Verwaltung der festen Zuversicht ist, dass die Gefahr der Versandung für Schwarzorth sowohl, wie für Nidden vollständig beseitigt ist, so bedauere ich es aussprechen zu müssen, dass ich bei wiederholten Besuchen der in Rede stehenden Oertlichkeiten grade den entgegengesetzten Eindruck empfangen habe und mit meinem Urtheil keineswegs vereinzelt stehe. Ich berufe mich hier zunächst nur auf Schumann*), dessen Urtheil über Schwarzorth hinlänglich bekannt ist. Aber eine solche Verschiedenheit der Anschauung muss doch immerhin ihren Grund haben und ich glaube nicht zu irren, wenn ich einen solchen darin finde, dass hier, wie bei so vielen andern Dingen, demjenigen, welcher beständig in den Verhältnissen lebt, eine unmerklich langsame Veränderung derselben weit weniger auffallend entgegentritt, als einem dieselben in längeren Zwischenräumen Beobachtenden. Dass die Beweglichkeit des Sandes auch durch die Sandgräser wesentlich aber eben nur stellenweise und auch hier meist nur periodisch gehemmt wird, wer wollte das leugnen? Aber wenn durch die Vordünen und die Plantage der Zuwachs der Düne auch abgeschnitten, durch die Gräserpflanzung ihre Beweglichkeit in Etwas gehemmt wird, aufgehalten, zum Stehen gebracht kann die einmal vorhandene Wanderdüne dadurch eben nicht werden.

Wenn nicht die besprochene, auch von der Dünen-Bau-Verwaltung wiederholt in Anregung gebrachte Beschleunigung der Dünenbefestigung an den überhaupt in Angriff genommenen Stellen in's Werk gesetzt wird, d. h. eben weit bedeutendere Mittel zur Verfügung gestellt, oder, mit noch anderen Worten, die für eine beträchtliche Reihe von Jahrzehnten in Aussicht stehenden bisherigen Kosten etwa auf ebensoviel Jahre zusammengezogen werden können, so wird der angestrebte Endzweck, die Erhaltung der bedrohten Ortschaften, nie und nimmer erreicht werden.

---

*) Schumann, „Ein Tag in Schwarzort“.

Ich weiss wohl, dass die Bepflanzung nur nach und nach von der See her vorrückend erfolgen kann, wenn sie Bestand haben soll, ja die Beachtung dieser Regel ist unumgänglich, sollen nicht gradezu die aufgewandten Kosten vergeudet sein; aber hierin allein, nicht in den Geldmitteln darf meiner Ueberzeugung nach, die Grenze gesucht werden an Stellen, wo man sich einmal entschlossen hat zu helfen. In diesem Sinne kann doch auch nur das Aufgeben der zusammenhängenden Bepflanzung seit 1830 (s. S. 92) erfolgt sein. Man wollte nicht zu spät kommen. Aber ich sage nicht zu viel, wenn ich behaupte, dass man selbst bei Verdoppelung oder Verdreifachung der geringen Jahressumme nur dahin kommen wird, auch einst die Stätten dieser, dann verschwundenen Dörfer als trauriges Denkmal mit hoffnungsvollen Kiefernschösslingen bepflanzen zu können.

Wenn solches aber von den drei, seit 1829, mithin seit bald 40 Jahren, zu schützen versuchten Stellen bei Rossitten, Nidden und Schwarzorth gilt, welche Aussichten bleiben dann für die gesammte übrige Erstreckung der Nehrung und ihres 11 Meilen langen hohen Dünenkammes?

Es folgt somit aus dem Gesagten, dass, da es unausführbar ist, eine Dünenbepflanzung mit all ihren Vorarbeiten, wie ganz im Kleinen auf der Spitze der Nehrung möglich geworden, auf der ganzen Länge des zugleich unverhältnissmässig höheren Dünenkammes zu Stande zu bringen, die Wanderung der Dünen als unaufhaltsam bezeichnet werden muss.

Und weil dem so ist, ist man zugleich in den Stand gesetzt, einige, wenn auch wenige, aber bedeutsame Schlüsse auf die Zukunft jener Gegenden zu machen.

IX.

Schlüsse auf die Zukunft

des kurischen Haffes und seiner Umgebung.

Schlüsse auf die Zukunft so gut gerechtfertigt wie auf die Vergangenheit. — Vortheile der ersteren. —
a) Die Zukunft der Nehrungsdörfer: Nothwendige Folge der unaufhaltsamen Dünenwanderung. — Schwarzorth. — Perwelk und Preil. — Nidden. — Pillkoppen. — Rossitten. — Einzige Möglichkeit, seine Ländereien zu retten. — Schwinden des letzten Schutzes. — Neu Kunzen. — Sarkau.
b) Die Zukunft des Haffes und seiner Umgebung im Uebrigen: Die Dünen müssen hinein in's Haff. — Profil-Karte der nördlichen Hälfte desselben. — Anmerkung: Erläuterung der Karte. — Vergleich der Sandmassen der Nehrung mit dem Haffbecken (Tabelle C). — Nothwendige Versandung der nördlichen Haffgegend. — Mögliche Einwendungen. — Hinzukommende Sinkstoffe der Flüsse. — Liegt die Zeit der Verlandung so fern (Tabelle D). — Maximum der wahrscheinlichen Zeitdauer (Tab. E). — Resultate der Tabellen und allein mögliche Aenderungen derselben. — Folgen der jährlichen Uferabbrüche bei Cranz. — Bisherige Versuche zur Gegenwehr. — Neuer Vorschlag. — Schluss.

Es dürfte leicht unbedingt misslich erscheinen, wenn ich es wage, bei einer wissenschaftlichen Untersuchung sogar das Bereich der Zukunft zu betreten. Aber es ist auch durchaus nicht meine Absicht, mich in müssige Spekulationen zu verlieren, vielmehr nur einige nothwendige Schlüsse aus zum Theil längst feststehenden, zum Theil, wie ich hoffe, so eben bewiesenen Thatsachen zu ziehen. Sind wir berechtigt, aus den unter unsern Augen stattfindenden Vorgängen der Gegenwart, aus der Erkenntniss gewisser Naturgesetze, wie es ja mit Aufgabe der Naturwissenschaften und namentlich der Geologie ist, Schlüsse auf die Vergangenheit zu thun, auf eine Vergangenheit, die zum grössten Theil keines Menschen Auge je erblickt hat, so dürfte es nicht minder gerechtfertigt erscheinen, dieselben Schlüsse auch auf die Zukunft zu machen. Und weil eben hierbei unter unsern oder doch unsrer Nachkommen Augen die Entscheidung, ob richtig, ob falsch, mit Bestimmtheit erfolgt, so wird schon dieser Umstand allein im Stande sein, phantastischen Träumereien, wie sie für urweltliche Zustände, weil möglich und daher unwiderlegbar, noch vielfach so beliebt sind, von vornherein erfolgreich entgegenzutreten und bei ernstlichem Willen auch wahrer Nutzen geschaffen werden.

Oder wäre ein solches Thun unbedingt zwecklos und müssige Neugier? Ich glaube nicht. Für Erkenntniss und Verständniss der Natur-Gesetze und Vorgänge scheint mir vielmehr mehr Aussicht auf diesem Wege als bei Schlüssen zurück auf die Vergangenheit, bei denen ein Trugschluss nicht so leicht zu erkennen. Trifft die Vorausbestimmung ein, so ist in den meisten Fällen der Beweis der Richtigkeit gewisser Annahmen dadurch geführt. Trifft sie nicht zu, so ist vielfach inzwischen, schon durch mehrseitige Beobachtung der Vorgänge, auf die aller Blicke hingerichtet wurden, nachgewiesen, wo der Fehler begangen oder welcher zur Zeit unberechenbare Umstand störend in die Entwicklung eingegriffen. Manch bisher unlösbar gebliebenes Räthsel findet so vielfach am ersten seine Erklärung.

Hinzu kommt ferner der praktische Nutzen. Wie manche Vorkehr zur Verhinderung oder auch Nutzung dieser oder jener künftigen Zustände kann getroffen werden, falls überhaupt Menschenkraft direkt durch Lenkung derselben oder durch Verwerthung anderer Naturkräfte dazu im Stande ist? Wie manche Massregel ist ausführbar zur anderweitigen Sicherung oder Ausgleichung der Folgen, wenn Letzteres nicht möglich, das Naturereigniss unabweisbar?

a) Die Zukunft der Nehrungsdörfer.

Ist nun, um zum vorliegenden Falle zurückzukehren, die östliche Wanderung der Dünen auf der kurischen Nehrung, wie wohl hinlänglich bewiesen, unaufhaltsam, so müssen unfehlbar die östlich am Haffufer gelegenen Dörfer über lang oder kurz unter ihnen begraben werden. Entgehen wird einem solchen Schicksale von den acht noch bestehenden Nehrungsdörfern nur Sarkau, das zwar wie alle auf der Haffseite liegt, wo die Dünen jedoch an sich so unbedeutend sind, dass von einem hohen Dünenkamme hier überhaupt nicht die Rede sein konnte, weshalb denn auch das ganze ca. $2^1/_2$ Meile lange südliche Stück der Nehrung bisher ausser Betracht gelassen und auch in die Karte Taf. I. nicht aufgenommen wurde. Demnächst ist am günstigsten gestelllt das auf einer Diluvialinsel inmittten des Sandes gelegene Rossitten, dessen fruchtbare Aecker jedoch auch nur durch energische Mittel vor einer totalen Versandung zu schützen sind, wovon hernach noch ausführlicher die Rede sein soll.

Gehen wir die Reihe der übrigen Dörfer durch, von Norden beginnend, so treffen wir zunächst 3 Meilen südlich Memel das jetzt als Seebad beliebt gewordene, romantisch gelegene Schwarzorth.

Der hohe Kiefernwald hindert hier das freie Vordringen der Düne beträchtlich und ein Blick auf die Karte Taf I. zeigt deutlich, wie auf die Erstreckung bald einer Viertelmeile, entsprechend der Mitte des ca. $^3/_4$ Meilen langen Waldes der seit 1839 neu hinzu gekommene Sand am westlichen Fusse der Düne liegen geblieben ist und diese somit (die einzige derartige Ausnahme) rückwärts verbreitert hat. Ein stetiges Vordringen des Sandes von der Höhe der Düne in den Wald hinein findet aber trotzdem auch hier statt. Aller Mühe der Forstverwaltung zum Spott rückt die Waldesgrenze, statt mit den Anpflanzungen vorwärts, unmerklich aber sicher nach Osten zurück und südlich wie nördlich, dem Ende des Waldes zu, macht die vordringende Düne desto grössere Fortschritte, so dass sie buchstäblich über den hohen Wald fortschreitet (s. Taf. IV.).

Der Wald und das Dorf sind somit gewissermassen in die Mitte eines aus der Karte erkennbaren Dünenbogens genommen und es wäre eine Selbsttäuschung, das nothwendige Endresultat dieses Naturprozesses leugnen zu wollen.

Ueber die schon spurlos verschwundenen ehemaligen Dörfer Alt Neegeln oder Aigella, Neegeln und Carwaiten fort, kommen wir zu den beiden an sich schon elendesten Dörfern Perwelk und Preil, das eine nördlich, das andere südlich*) des ehemaligen Carwaitens entstanden. Das Vorrücken der völlig kahlen Düne überschreitet das nach der Tabelle A. auf S. 86 gefundene Mittel von jährlich beinahe 18 Fuss an beiden Orten entschieden. Aber auch nur bei dieser mässigen Durchschnittsschätzung ist das jetzige Preil (Maximum der Entfernung vom s. Dünenfusse 120 Ruthen) in spätestens 80, Perwelk (Maximum der Entfernung kaum 100 Ruthen) sogar schon in weniger als 70 Jahren spurlos verschwunden.

Bei Nidden nebst den dazu gerechneten Nebendörfern Krusdine und Purwin herrscht durch den hohen Kiefernwald seiner Berge ein ähnliches Verhältniss wie bei Schwarzorth, doch liesse sich nach sorgfältig angestellten Ermittelungen über das Zurückgehen der Waldgrenze in Vergleich mit dem bemerkbaren Vorrücken der Düne an beiden Orten die Zeit ihres ferneren Bestehens nicht minder annähernd berechnen.

Es folgt, halbweges zwischen Nidden und Rossitten, das freundliche Fischerdörfchen Pillkoppen. Dicht an einem Winddurchrisse, dem tiefsten, bis auf die Nehrungsebene hinabreichenden Durchschnitte des Dünenkammes gelegen, ist seine Zukunft weniger, als die der übrigen berechenbar. Die Wirkung der Winde in einem solchen Durchrisse ist zu ungleichmässig, aber gleichzeitig auch meist sehr energisch. Den besten Beweis dafür bietet Pillkoppen selbst, das bereits das dritte Dörfchen dieses Namens ist. Das alte, fast an derselben Stelle gelegene Pillkoppen versandete durch einen sich plötzlich vorschiebenden Dünenarm fast vollständig**), die geflüchteten Einwohner gründeten eine gute Viertelmeile nördlich Neu Pillkoppen. Als aber auch dieses, etwa um 1820 herum, zu versanden begann, war inzwischen durch Erweiterung des Winddurchrisses die Stelle des alten Pillkoppen zum Theil wieder frei geworden und man baute aus alter Anhänglichkeit an die Scholle und im Anschluss an einen noch immer verschont und daher bewohnt gebliebenen Theil des Dorfes das heutige, also dritte, Pillkoppen fast auf derselben Stelle wieder auf. Seitdem hat sich der Winddurchriss, wie Taf. I. ergiebt, noch merklich vertieft, der vorgeschobene Dünenarm ist losgetrennt und wandert jetzt, ohne erheblichen Schaden zu thun, in's Haff hinein. Die steil über dem Dörfchen zu 186 Fuss aufsteigende Hauptdüne aber wird dieses unfehlbar dennoch und zwar, wie ebenfalls aus Taf. I. zu erkennen, in gar kurzer Zeit ereilen und unrettbar begraben. Die Stelle des versandeten Neu Pillkoppen bezeichnet heut nur noch eine einsame

*) Die genauere Lage desselben ist aus Taf. VI. oder der geologischen Karte selbst zu ersehen.

**) Es ist sehr zu beklagen, dass die historischen Nachrichten der jetzigen und ehemaligen Nehrungsdörfer, selbst soweit sie das letztverflossene und den Anfang dieses Jahrhunderts betreffen, vielfach in tiefes Dunkel gehüllt sind. Um so dankenswerther ist daher das mühevolle Unternehmen des vortrefflichen Kenners der Nehrung, des Stadtgerichtsrath Passarge, der uns mit Nächstem eine auf amtliche, jetzt in Akten versteckte und zerstreute Quellen gestützte Geschichte der Nehrung in Aussicht stellt.

Kiefer. Sie ist ausser den aus kahlem Sande hervorstarrenden schwarzen Holzkreuzen zugleich der einzige Schmuck des von dem Berge noch nicht ereilten Kirchhofes, auf dem auch die heutigen Pillkopper noch ihre Todten bestatten.

Am meisten für den praktisch zu ermöglichenden Nutzen aus derartigen Betrachtungen über die nächste Zukunft der Nehrung dürfte aber die Gegend von Rossitten sprechen. Diesem Eilande fruchtbarsten Ackerbodens inmitten des kahlen Sandes droht ebenfalls die grösste Gefahr. Aber wenn irgend auf der Nehrung (die Sarkauer Forst und die bis zu den weissen Bergen sich erstreckende niedrige Nehrung ausgenommen), so wäre hier bei ernstlichem Willen eine Abwendung möglich und deshalb die Aufbietung aller Kräfte doppelt angebracht.

Fig 15.
Gegend von Rossitten
in Cavalier-Perspective*).

L Lange Plick.
S Schwarze Bg. (170 Fuss).
B Bruchberge. W Walgun-Bg. R Rossitten.
C Corallenberge. K Frühere Kunzen. N Neu Kunzen.
V Vordüne.
Verhältniss der Süd-Nord- zur West-Ost-Richtung = 1 : 2.
Maassstab 1 : 100,000.

Schon vorhin wurde, die Erscheinung begründend, darauf hingewiesen, dass die Wanderrichtung der Dünenberge eine fast genau westliche ist. Die nördlich und nordwestlich Rossitten sich erhebenden Einzelberge bieten daher für das Dorf und die durchweg südwestlich desselben gelegenen Ackerländereien durchaus keine Gefahr. Die westlich der letzteren sich erhebenden, mehr kammartigen Bruchberge müssen aber und können auch meines Erachtens unter jeder Bedingung zum Stehen gebracht werden. Wie die Karte Taf. I. bereits andeutet, scheint dieses in dem nördlichen Theile derselben auch schon annähernd gelungen zu sein, doch ist auch hier auf einen dauernden Erfolg nicht ehe zu rechnen, als bis die Krone der Berge von der Seeplantage erstiegen und bewaldet ist. Am meisten zu schaffen macht noch das südliche Ende der Bruchberge. Da aber auch hier die Anpflanzung, die sog. Plantage, von der See her bereits den Fuss der Berge so gut wie erreicht hat und die Höhe der Letzteren bei Weitem nicht so beträchtlich ist, wie der übrige Dünenkamm der Nehrung, so ist auch hier entschiedene Aussicht vorhanden durch energisch fortgesetzte Bepflanzung das Ziel, die Festlegung der Düne, zu erreichen.

Die unstreitig grösste Gefahr droht den Feldern Rossittens jedoch von Südwest. Durch eine weite Lücke ist nämlich das Südende der Bruchberge hier von dem übrigen Dünenkamme getrennt. Wie dieselbe enstanden ist, wurde bereits vorhin zu erörtern versucht.

*) Siehe die Anmerkung auf S. 101.

Es ging daraus gleichzeitig hervor, wieviel energischer die Windrichtung in solchen Durchschnitten sich gestaltet. So werden denn alle nicht nur von Südwesten, sondern überhaupt aus westlicher, bekanntlich der bei Weitem vorherrschenden Richtung kommenden Winde, an den Kunzener Bergen entlanggleitend, durch die breite Lücke auf Rossitten gelenkt. Die weite, ziemlich dreieckige Ebene zwischen den Bruch- und den Kunzener Bergen, der eigentliche Windfang dieser Gegend, spottet daher auch allen, nicht weit energischer als bis heutigen Tages gemachten Versuchen zu einer Festlegung. Dass aber bei ernstlichem Willen die Bepflanzung eines solchen, verhältnissmässig doch nicht grossen ($^3/_4$ Meilen langen, stark $^1/_4$ Meile breiten) Terrains Menschenkräfte nicht übersteigt, beweisen die mustergültigen Dünenbefestigungen der Memeler Kaufmannschaft (s. S. 92). Und dass zu ebenso energischen Anstrengungen hier hohe, ja höchste Zeit ist, wird Jedem an Ort und Stelle auf den ersten Blick klar.

Ein schmales vom Haffufer aus ziemlich rechtwinklich bis zum Süd-Ende der Bruchberge sich erstreckendes Erlen- und Lindengebüsch bildet zur Zeit nämlich noch den einzigen sehr merklichen Schutz gegen diese Hauptquelle der trotzdem schon fühlbar genug werdenden Versandung. Aber bis auf wenige Ruthen, stellenweise nur noch wenige Fuss Breite vor der andringenden in ihrer blendenden Weisse gespenstisch durch das dunkle Grün der Erlen blickenden Sandmauer schon zusammengeschmolzen und sichtbar von dieser Seite her absterbend, wird es kein Jahrzehnt mehr Stand zu halten vermögen. Seine Vernichtung ist aber gleichbedeutend mit einer unaufhaltsamen, völligen Versandung einer halben Meile fruchtbarsten Ackerlandes. Ich wiederhole, was schon S. 95 gesagt wurde: Langsame Hülfe ist hier gar keine Hülfe.

Wenn bisher noch kein Hülferuf aus dieser Oase inmitten des Wasser- und Sandmeeres lautbar geworden, so liegt der Grund einzig in der Lätargie, die sich gegenüber der Gewalt der Naturkräfte der Bewohner bemächtigt hat, um so mehr aber dürfte es gerechtfertigt erscheinen, an dieser Stelle verweilt zu haben, wenn auch zur Angabe wirksamer Maassregeln hier weniger der Ort, dieselbe vielmehr erfahrneren Kennern der Dünen-Befestigung überlassen bleiben muss. Auf die Selbsthülfe der Bewohner ist jedenfalls nicht zu rechnen, auch würde sie die Kräfte derselben bei Weitem überschreiten; die Hülfe des Staates aber ist um so naturgemässer, als derselbe einen grossen Theil des Ackerlandes selbst besitzt.

Wenn ich vorhin die Standkraft des schützenden Erlen- und Lindengebüsches auf etwa noch 10 Jahre veranschlagen zu dürfen glaubte, so ist dabei noch ein Umstand ausser Betracht gelassen, der den Beginn der Katastrophe in noch kürzerer Zeit herbeizuführen geeignet ist und uns gleichzeitig zu dem letzten, gewissem Untergange preisgegebenen Nehrungsdörfchen führt.

Seit wenigen Jahren ist durch Veräusserung Seitens des derzeitigen Grundbesitzers, der, weil seine übrige Begüterung jenseits des Haffes gelegen, um so weniger Nutzen von diesem Besitze sah, unmittelbar an der Grenze Rossittens und am Anfange der Kunzener Berge ein elendes Dörfchen entstanden, das nicht ohne Bedeutung den Namen des $^1/_4$ Meile weiter verschütteten Kunzen trägt. Der sichere gleiche Untergang durch Versandung ist ihm gewiss, wie wieder ein Blick auf die Karte Taf. I. lehren kann, wo zwar leider die wenigen Häuser nicht angegeben sind, deren Lage aber ziemlich genau durch das östliche Ende des bereits über das alte Kunzen fortgewanderten Dünenarmes gekennzeichnet ist. Die aus der Karte ersichtliche westöstliche Wanderung des letzteren muss also die frisch entstandenen Gehöfte nothwendig in der Folge begraben und ist ihr Entstehen daher von vornherein ein Unglück zu nennen.

In der Urgeschichte wird stets nur ein Kampf des Menschen gegen die Naturkräfte angenommen; hier aber streiten offenbar Menschen- und Naturkräfte im Verein gegen die Cultur und desshalb möge es gestattet sein, hier Dinge zu berühren, die scheinbar ausser dem Bereiche einer wissenschaftlichen Erörterung liegen. Die Bewohner Neu Kunzens, die ohnehin schon, trotz des vielleicht bedeutend gegen früher vergrösserten Landbesitzes, kein ausreichendes Bestehen finden, stehlen zum grossen Theil ihr Holz aus dem angrenzenden obengenannten Erlen- und Lindengebüsch, was trotz der grössten Aufmerksamkeit des Rentmeisters und der nicht minder interessirten Bauern von Rossitten unmöglich zu verhindern. Die Folge davon ist, (ohne es gesehen zu haben, kaum glaublich), dass die letzteren, um die Nutzung ihres Eigenthums nicht Fremden allein zu überlassen, unbekümmert um die viel grössere Gefahr, der dadurch noch schneller herbeigeführten Versandung, ihren Holzbedarf eifrig ebenfalls dem schützenden Gebüsch entnehmen.

Weit weniger als all die genannten ist endlich Sarkau, das letzte der Nehrungsdörfer überhaupt, der Gefahr der Versandung ausgesetzt. Die Zukunft dieses nächst Kunzen, Preil und Perwelk ärmlichsten Dorfes ist durch die von der Sarkauer Forst längs der See noch über eine Meile weit nördlich Sarkau fortgeführte Plantage bei nur einigermassen fortgesetzter Bepflanzung bereits gesichert, da überhaupt auf diesen südlichen, ca. $2^1/_2$ Meilen der Nehrung von den Weissen Bergen an, die Dünen noch nirgends eine nennenswerthe Höhe erreicht haben. Dennoch wird es noch einiger Zeit bedürfen, ehe bei der mühevollen, kaum lohnenden Bestellung des schieren Sandes die Bewohner sesshaft gemacht sein werden. Denn die Sarkauer sind als die wahren Nomaden der Nehrung zu bezeichnen. Zum grossen Theil nur während der Wintermonate daheim, kampiren sie die übrige Zeit des Jahres, nachdem sie Thüren und Fenster kreuzweis mit Brettern vernagelt, 9 bis 10 Meilen von hier zwischen Schwarzorth und Memel mit Frau und Kind, Schweinen und Hühnern unter nothdürftig aus alten Segeln aufgeschlagenen Zelten im Freien, gelegentlich dem Fischfange obliegend.

Soweit über die nächste Zukunft der Nehrung. Aber wir dürfen getrost noch einen Schritt weiter thun, ohne befürchten zu müssen, den Boden positiver Forschung unter unsern Füssen zu verlieren.

b) Die Zukunft des Haffes und seiner Umgebung im Uebrigen.

Die Dünenberge, welche in längstens hundert Jahren wieder eine Reihe Dörfer unter sich begraben haben werden und mit ihrem nackten Fusse — Schwarzorth und Nidden ihres noch eine Zeit lang schützenden Waldes halber ausgenommen — auf der ganzen Länge der Nehrung hart auf dem heutigen Haffufer stehen werden, wie es zum Theil bereits schon heute der Fall, sie müssen nothwendig weiter auf ihrer Wanderung, sie müssen mit all ihren Sandmassen hinein in's Haff, Kein denkbarer Grund lässt eine Aenderung der heutigen Vorgänge erwarten. Die Bildung weit in's Haff hinein reichender Sandflächen, sogenannter Haken, wurde schon oben (S. 90) besprochen. Sie zeigen, in welcher Art die Weitergestaltung des Landes hier stattfinden wird. Aber wird das seiner Flachheit halber bekannte Haff, wenn es erst all die Sandmassen, die augenblicklich im Wandern begriffen, in sich aufgenommen, wird es nur grosse, weit hineinragende Haken und flache Sandbänke aus ihnen bilden? Wird es sodann überhaupt noch bestehen? Möge es mir vergönnt sein, bei der Erörterung dieser Frage noch ein wenig zu verweilen.

Taf. VI.*) giebt eine Reihe von 36 auf Messungen des Köngil. Generalstabes basirenden Profilen durch die nördliche Hälfte des kurischen Haffes und der Nehrung, d. h. auf 7 Meilen gradliniger Entfernung von dem Nordende derselben bei Memel. Die aus dieser Profilkarte sich ergebenden Resultate sind in der folgenden Tabelle zusammengestellt.

Bei der Berechnung derselben ist, um jede Ueberschätzung der Sandmassen zu vermeiden, nur der eigentliche hohe Dünenkamm in Rechnung gezogen, das gesammte, ebenfalls bewegliche Kupsenterrain hinter demselben ausser Acht gelassen. Der Querschnitt des Ersteren selbst ist zudem einfach betrachtet worden als ein aus Grundlinie und Höhe der Düne zu berechnendes Dreieck mit abermaliger Fortlassung all der Sandmassen, welche die durchgängige Ausbiegung der beiderseitigen Dünenabhänge bilden.

Bei Berechnung des Volumens sowohl der Düne wie des Haffbodens ist jedes der Profile als ein 1 Fuss breiter Streifen betrachtet worden. Die Hälfte der in der Tabelle angegebenen grössten Hafftiefe ist als mittlere Hafftiefe angenommen, womit man der Wahrheit am nächsten kommen dürfte, jedenfalls aber den Inhalt des Haffbodens nicht unterschätzt.

---

*) Die zu Grunde liegende Karte ist der besseren Uebersicht auf kleinerem Raume halber in sogenannter Cavalier-Perspektive entworfen, die, obschon sie beim Planzeichnen im 16. und der ersten Hälfte des 17. Jahrhunderts fast allein üblich war, in neueren Zeiten gänzlich abgekommen ist, weil sie die entfernten Gegenstände ebenso hoch und breit, wie die dem Auge nahe gelegenen abbildet. Dieser, der einzige Unterschied von der die Gegenstände, wie sie dem Auge erscheinen, wiedergebenden Maler-Perspective, macht die gewählte Art der Darstellung jedoch zu wissenschaftlichen Zwecken, sobald es auf Möglichkeit der Messung ankommt, gerade geeignet. Bei der vorliegenden Profilkarte ist nun die der Perspective an sich eigene Verkürzung der Entfernung in der Sehrichtung des Beschauers für die Süd-Nordrichtung auf die Hälfte begrenzt worden. 1 Meile in dieser Richtung gemessen, ist somit = $^1/_2$ Meile in West-Ost-Richtung. Durch Hinzufügung eines, soweit mir bekannt, bisher nicht üblichen Maassstabes, in welchem durch Construction der zwischenliegenden Richtungen eine genaue Messung in jeder beliebigen Richtung ermöglicht ist, dürfte zugleich einem, dem Gebrauch dieser Art der Darstellung bisher im Wege stehenden Uebelstande abgeholfen sein.

Statt der Höhenzüge selbst (hier vorzüglich des fortlaufenden Dünenkammes) sind nun die auf Messungen des Königl. Generalstabes basirenden Profile durch dieselben direkt in die Karte getragen. Die der Natur zuwiderlaufende, so bedeutende (20fache) Vergrösserung des Höhenmassstabes war geboten durch die gleichzeitige profilarische Darstellung des Haffbeckens, dessen so äusserst geringe Tiefen auf andere Weise dem Auge völlig verschwunden wären.

Tabelle C.

Nr. des Profils (siehe Tafel VI.)	Höhe des Dünenkammes. Fuss.	Breite des Dünenkammes. Fuss.	Inhalt eines Streifens, von 1 Fuss Breite, des Dünenkammes. Cubikfuss.	Inhalt eines Streifens, von 1 Fuss Breite, des Haffes. Cubikfuss.	Grösste Tiefe des Haffes. Fuss.	Grösste Breite des Haffes. Fuss.	Verhältniss des Haffes zur Düne.
3	88	2850	125400	28200	24	2350	1 : 4,447
4	103	3200	164800	34500	20	3450	1 : 4,777
5	112	2900	162400	81000	30	5400	1 : 2,005
6	118	2800	165200	58500	18	6500	1 : 2,824
7	85	3050	129625	43500	12	7250	1 : 2,980
8	100 30	2300 1000	130000	63750	17	7500	1 : 2,039
9	106	2900	153700	51900	12	8650	1 : 2,961
10	131	3300	216150	66825	11	12150	1 : 3,235
11	118	3250	191750	84000	12	14000	1 : 2,283
12	154	3600	277200	101400	13	15600	1 : 2,734
13	172	3900	335400	74700	9	16600	1 : 4,400
14	114 60	2700 1500	153900 45000	61950	7	17700	1 : 3,211
15	145	3050	221125	86000	8	21500	1 : 2,570
16	109	2700	147150	118000	10	23600	1 : 1,247
17	89	2300	102350	125750	10	25150	1 : 0,814
18	112	2000	112000	134000	10	26800	1 : 0,836
19	(125)	2900	181250	154800	12	25800	1 : 1,171
20	132	2950	194700	216000	15	28800	1 : 0,901
21	168 60	3200 1200	268800 36000	161500	10	32300	1 : 1,887
22	160	3300	264000	160000	10	32000	1 : 1,650
23	169	3300	278850	131600	8	32900	1 : 2,119
24	126 50	2700 2400	170100 60000	116400	8	29100	1 : 1,977
25	140	3200	224000	165500	10	33100	1 : 1,355
26	183	4050	370575	158500	10	31700	1 : 2,338
27	(150)	3100	232500	195975	13	30150	1 : 1,186
28	156	3600	280800	158000	10	31600	1 : 1,777
29	183	3600	329400	169950	11	30900	1 : 1,938
30	142 75	3100 3000	220100 112500	250200	12	41700	1 : 1,329
31	168	4800	403200	399750	15	53300	1 : 1,009
32	164	4200	344400	429750	15	57300	1 : 0,801
						Im Mittel	1 : 2,163

Unter den 36 Profilen zeigen nur 8 ein und zwar nicht bedeutendes Ueberwiegen des im Haffbecken vorhandenen Raumes gegenüber der auf der Nehrung angehäuften wandernden

Sandmasse. In den übrigen 28 überwiegt letztere so bedeutend, dass schon auf den ersten Blick Niemand anstehen wird, meiner Behauptung beizupflichten, dass, wenn die Sandmassen der heutigen hohen Wanderdünen vom Winde erst völlig über die Nehrung hinüber in's Haff gejagt sein werden, der ganze nördliche Theil des Haffes, von der Windenburger Ecke bis Memel, festes Land geworden sein muss, durch welches die Memel in mannigfachen Windungen sich dem Memeler Tief zuschlängeln wird, falls es ihr bis dahin nicht etwa gelungen, sich einen nähern Abfluss in die See zu erzwingen.

Verweilen wir jedoch noch ein wenig bei etwa möglichen naheliegenden Einwendungen! Man könnte vielleicht meinen, gegen die angestellte Rechnung den Einfluss des strömenden Wassers geltend machen zu müssen, durch welchen die hinein gewehten Sande wenigstens zum Theil wieder in See hinausgeführt werden möchten. Ein solcher Einfluss, obgleich er überhaupt kaum weiter als $1\frac{1}{2}$ bis höchstens 2 Meilen von der Ausmündung des Memeler Tiefs aufwärts durch Offenhaltung einer einigermassen tieferen Rinne in dem schon so auffallend flachen Wasser sich geltend macht, würde aber immerhin nichts weiter als eben eine solche schmale Stromrinne zu erhalten vermögen. Ja dieselbe wird sich sogar weiter oberhalb überhaupt nur erst mit Mühe bilden können, nachdem durch weitere Verflachung resp. Verlandung des Haffes die ausfliessenden Wasser mehr eingeengt und ihre Stromkraft dadurch erhöht worden ist. Zur Zeit ist dieselbe hier noch so gering, dass die Offenhaltung der sogenannten Fahrt für die Dampfböte jährlich bedeutende Kosten verursacht.

Ebenso wird auch ein Fortführen des Sandes nach tieferen Stellen des Haffes nur in ganz beschränktem Masse zu denken sein. Denn da diese sich ausschliesslich in dem südlicheren Theile des Haffes befinden, aber auch nicht tiefer als höchstens 18 Fuss sind, und dazu durch die hier nicht minder grossen hineinwehenden Sandmassen inzwischen ebenfalls eine bedeutende Verflachung eingetreten sein wird, so ist eine solche Annahme überhaupt nur zulässig bei sogenanntem eingehenden Strome, wenn zuweilen während starken Stauwindes ein Eindringen des Seewassers so hoch hinauf stattfindet.

Derartige unbedeutende Verringerungen, die in dem letzteren Falle noch dazu nur der einstigen Verlandung auch des südlichen Haffes zu Gute kommen würden, verschwinden aber überhaupt gegenüber dem so bedeutenden Ueberschusse der hineinwehenden Sandmassen.

Es würde zu weit führen, sich das Bild des Landes zu jener Zeit weiter ausmalen zu wollen; nur so viel möge noch erwähnt werden, dass auch der mittlere Theil, zum Wenigsten bis in die Gegend von Rossitten, durch weite Sandhaken um ein Bedeutendes eingeschränkt sein wird, während andrerseits die vorschreitende Deltabildung des litthauischen Ufers, namentlich vor den Mündungen des Atmatt- und des Skirwieth-Stromes bedeutendes Terrain dem Haffe abgewonnen haben wird. Zum Belege verweise ich nur auf die der Sect. 3 (Rossitten) der geologischen Karte von Preussen beigefügten beiden Randkärtchen, welche die unter unsern Augen alljährlich merklich wachsende Landbildung vor genannten beiden Stromarmen während der letzten 50 Jahre veranschaulichen.

Könnte man nun aber vielleicht noch glauben, dass die in groben Umrissen letztentworfene Perspective in die Zukunft sich in weit hinausliegende Zeiträume verliere, vielleicht Jahrtausende über ihre Verwirklichung hingehen könnten, so möge zum Schluss auch darüber noch eine ungefähre Berechnung folgen. Zu solcher setzt uns die in Tabelle A. aus Taf. I. gefundene Wandergeschwindigkeit des Dünenkammes völlig in den Stand.

Grade in dem nördlichen Theile des Haffes, wo sich nach S. 91 die Hakenbildung als entschieden gestört herausstellt, ist aber neben der Wirkung des Windes die Bewegung des Wassers bei der Verflachung des Haffes noch am meisten in Anschlag zu bringen und wohl anzunehmen, wie die bisherige Erfahrung bewahrheitet, dass die nach und nach hier in's Haff geführten Sandmassen auch sogleich auf dem Boden vertheilt und geebnet werden. Es folgt aus dieser Annahme, dass wenn somit die ganze Sandmasse der Düne erst östlich des heutigen Haffufers, d. h. im heutigen Haffe liegen wird, hier auch die Verlandung des Haffes vollendet sein wird. Die beifolgende Tabelle D. berechnet diesen Zeitpunkt*) für eine Reihe höchstens ½ Meile von einander entfernter Punkte der ganzen Nehrung, die für die nördliche Hälfte der Profilkarte Taf. VI. und erst, wo diese nicht ausreicht, der Wanderkarte Taf. I. entnommen sind.

Tabelle D.

Nr. entsprechend Taf. VI.	Angabe des Ortes.	Heutige Entfernung des westlichen Dünenfusses vom Haff. Ruthen.	Bei 17 Fuss jährlicher Wanderung liegt die Düne völlig im jetzigen Haff.
4	Bei der grossen Hirschwiese	260	in 184 Jahren
6	Beim Bärenkopf	240	169
9	1½ Meile südlich Sandkrug	260	184
11	Bei den Gauäeralis-Bergen	275	194
15	Südl. Ende des Schwarzorther Waldes	250	176
17	Nördlich Alt Neegeln	175	124
20	Südlich des Neegelnschen Haken . .	245	173
23	Bei der Dorfstelle Aigella	260	184
25	Bei Perwelk (Kirbste-Berg)	320	226
26	Beim Carwaitenschen Berg	355	251
30	In der Bullwikschen Bucht	680	480
	Im Mittel		in 213 Jahren
entsprechend Tab. A.			
10	Zwischen Perwelk und Carwaiten . .	350	247
11	Bei der Kl. Preilschen Bucht . . .	300	212
12	Am Bullwikschen Berg	740	522
13	Am Urbo Kalns bei Nidden	385	272
15	Am Grabster Haken	550	388
14	Am Caspalege-Berg (Neu Pillkoppen)	280	198
16	Am Altdorfer Bg. bei Skilwith-Haken	235	166
17	Durch den Predin-Berg	285	201
18	Durch den Schwarzen Bg. bei Rossitten	155	109
19	Durch den Neu Kunzener Berg . . .	250	176
20	Nördl. der Dorfstelle Stangenwalde .	160	113
21	Zwischen Alt und Neu Lattenwalde .	190	134
22	Durch die Weissen Berge	110	78
	Im Mittel	307	in 217 Jahren

*) Um jede Unterschätzung der Zeit zu vereiteln, sind unter Fortlassung des beinahe ein Ganzes erreichenden (Bruches siehe Tabelle A.) nur 17 Fuss Wandergeschwindigkeit in Rechnung gebracht.

Das hiernach sich ergebende Mittel von wenig über 200 Jahren ist um so mehr als ungefähre Durchschnittsdauer bis zum Eintritt völliger Verlandung der nördlichen Haffgegend zu betrachten, als um jene Zeit die ganze Masse des gegenwärtig wandernden Sandes in dem heutigen Haffbecken liegen wird, während für diesen Theil des Haffes (nach dem Mittel der letzten Columne in Tabelle C.) die Hälfte der Sandmasse bereits dazu hinreichen würde.

Gesetzt aber selbst den Fall, dass bei einer solchen Verlandung des Haffes nur die Thätigkeit des Windes in Anschlag zu bringen wäre, die immer beschleunigend wirkende des Wassers völlig ausser Betracht bliebe, d. h. der hohe Dünenkamm in derselben Weise, wie jetzt auf dem festen Lande der Nehrung, Schritt für Schritt die Breite des Haffes durchwandere, wobei er, da kein neuer Zuwachs von der See her stattfindet (s. S. 17), durch den das Haffbecken ausfüllenden Sand kleiner und kleiner wird, so wäre das die bei der kennen gelernten Wandergeschwindigkeit denkbar langsamste Zuschüttung des Haffes. Ist man daher im Stande, die auf diese Weise erforderlich werdende Zeitdauer annähernd zu berechnen, so wäre damit das Maximum der für eine Ausfüllung des nördlichen Hafftheiles nöthigen Zeit gefunden. Tabelle E. versucht auch diese Zeitfrage für eine Reihe der aus Taf. VI. ersichtlichen Punkte zu beantworten.

Ehe wir die Resultate dieser Tabelle betrachten, mögen noch einige Worte über den Gang der angestellten Rechnung vorausgeschickt werden.

Um eine Sandmasse von dem Volumen V von einem Orte nach einem andern, dessen Entfernung l betragen möge, fortzuführen, ist eine gewisse mechanische Arbeit nöthig, deren Grösse durch das Produkt V.l gemessen wird. Diese Arbeit wird im vorliegenden Falle von den herrschenden Winden und vom Haffwasser geleistet. Es soll jedoch, wie bereits bemerkt, von dem Einflusse des letzteren gänzlich abgesehen werden und nur die Arbeit des Windes in Rechnung gezogen werden.

Das Volumen der Düne (V) ist bereits in Tabelle C. berechnet und in Columne I. der folgenden Tabelle noch einmal angegeben. Die Länge des Weges ist hier die Breite des Haffes*) und möge die Bezeichnung l dafür beibehalten werden. Durchwanderte die ganze Sandmasse die Breite des Haffes, so wäre das oben genannte Produkt V.l auch für diesen bestimmten Fall der richtige Ausdruck der vom Winde geleisteten Arbeit. Bei ihrer Wanderung setzt die Düne aber allmälig ein gewisses Quantum (einstweilen mit v zu bezeichnen) im Haffbecken ab, das zur Ausfüllung desselben dient und die am jenseitigen Ufer angelangte Düne hat nur noch die Masse V — v. Die Gesammtarbeit, welche bei dieser Fortführung zu leisten war, bestand also in der Fortführung der zur Ausfüllung erforderlichen Sandmasse und in der Fortführung dieses Sandrestes V — v.

Der letztere Theil der Arbeit ist offenbar l.(V — v); den ersteren noch zu berechnenden, mit R bezeichnet, ist also die Gesammtarbeit $= R + l(V - v)$.

Um die zur Ausfüllung des Haffbeckens allein erforderliche Arbeit R zu berechnen, kann man sich, da die zu bewegende Sandmasse, mithin auch die Arbeit, nach jedem zurückgelegten Fuss oder Zoll des Weges durch liegen bleibenden Sand um ein Bestimmtes verringert wird, diese auf jeden Fuss oder Zoll, kurzweg auf die Masseinheit geleistete Arbeit darstellen als eine abnehmende arithmetische Reihe, deren erstes Glied die Bewegung der ganzen zur Ausfüllung nöthigen Sandmasse um die Einheit des Masses ist, mithin v.1 oder v,

*) Oder an Stellen, wo die Sandmasse zur Ausfüllung etwa nicht hinreicht, der Theil der Haffbreite, zu deren Ausfüllung erstere hinreicht.

deren letztes Glied bei unendlich klein gedachter Masseinheit auch unendlich klein ist also $= 0$ gesetzt werden kann, und deren Anzahl der Glieder gleich der Länge des Weges, also der Breite des Haffes oder l ist.

Eingesetzt in die allgemeine Formel für die Summe der arithmetischen Reihe

$$s = \frac{n}{2}(a + z)$$

erhalten wir $R = \frac{l}{2}(v + 0)$

$$R = \tfrac{1}{2} l v \text{*)}$$

Führen wir diesen für R sich ergebenden Werth in die oben gefundene Summe ein, so ist die Gesammtarbeit

$$= \tfrac{1}{2} l v + l (V - v)$$
$$= l \left(V - \frac{v}{2}\right)$$

Es handelt sich nun nur noch darum, die thatsächlich von den Winden geleistete Arbeit kennen zu lernen und diese haben wir in Tabelle A. bereits an dem Fortrücken der Dünen auf der Nehrung gemessen. Die Durchschnittszahl der betreffenden Columne in genannter Tabelle ergiebt für das Vorrücken des östlichen Dünenfusses 23 Fuss im Jahr. Das giebt also, wenn man das durchschnittliche Volumen der Düne mit W bezeichnet, eine jährliche Arbeit von W 23.

Hiernach ist die zur Ausfüllung des Haffbeckens durch die Winde allein erforderliche Zeit oder mit andern Worten das Maximum der bis zu einer solchen völligen Verlandung des nördlichen Hafftheiles nöthigen Zeit

$$= \frac{V - \frac{v}{2}}{W} \cdot \frac{1}{23}$$

Bei Bestimmung des v in dieser Formel, d. h. der auf dem Wege (l) durch's Haff in der Dicke oder Höhe h auf 1 Fuss Breite liegen bleibenden Sandmasse $h\,l\,1 = h\,l$, bedarf es noch einer kurzen Erwägung. Würde das Haff nur in der Höhe des heutigen Wasserspiegels vom Sande ausgefüllt, so könnten ohne Weiteres die für das Volumen dieses Beckens in Tabelle C. gefundenen Zahlen auch für v gelten. Bedenkt man aber, dass der Boden hinter der Düne, zum Wenigsten auf lange Zeiten hinaus, der bisherigen Erfahrung gemäss

---

*) Der Sinn dieses Resultates ist, dass die zur Ausfüllung erforderliche Arbeit ebenso gross ist als die, welche gebraucht würde, um die gesammte füllende Sandmasse bis zur Hälfte des Weges oder, was dasselbe sagen will, die Hälfte dieser Masse bis an's jenseitige Ufer zu schaffen.

Dasselbe Resultat erlangt man, wenn auch kaum kürzer, durch Anwendung des Integrales auf folgende Weise: Es sei a b ein Element des Weges, d. h. der ganzen Haffbreite, dessen Entfernung vom Anfangspunkte mit x bezeichnet sei. Die auf diesem Elemente sich ablagernde Sandmasse ist $h\,dx$, wenn h die Höhe resp. die Dicke der letzteren ist. Der Weg, den diese vom Anfangspunkte aus hat machen müssen, ist $= x$. Also ist die zu ihrer Fortführung erforderliche Arbeit $x\,h\,dx$ und somit die zur Ausfüllung des ganzen Haffweges erforderliche Arbeit

$$= \int_0^l x\,h\,dx = \tfrac{1}{2} h\,l^2$$

oder, da h l selbst die ganze zur Ausfüllung erforderliche Sandmasse mithin v ist $= \tfrac{1}{2} v\,l$.

immer noch ca. 5 Fuss über der See oder 4 Fuss über dem Haffe bleiben wird, so beträgt die Dicke oder Höhe (h) des liegen bleibenden Sandes 4 + der mittleren Hafftiefe, wonach die Zahlen der Columne II. in der folgenden Tabelle berechnet sind.

Tabelle E.

Nr. entsprechend Taf. VI.	I. Volumen eines 1 Fuss breiten Querschnittes der Wanderdüne. V. Cubikfuss.	II. Volumen des bei der Wanderung auf 1 Fuss breitem Streifen liegen bleibenden Sandes. v. Cubikfuss.	III. Mittlere Hafftiefe. Fuss.	IV. Höhe des liegen bleibenden Sandes. h. Fuss.	V. Breite des Haffes. l. Fuss.	VI. Die Düne hat das Haff ausgespült in spätestens: $\frac{V-\frac{v}{2}}{W} \cdot \frac{l}{23}$ Jahre.	VII. Entfernung des östlichen Dünenfusses vom Haff. Ruthen.	VIII. Bei 23 Fuss jährlicher Wanderung steht die Düne hart am heutigen Haffrande. Jahre.
4	164800	48300	10	14	3450	96	—	—
6	165200	84500	9	13	6500	159	—	—
9	153700	86500	6	10	8650	190	40	21
11	191750	140000	6	10	14000	339	10	5
15	221125	172000	4	8	21500	579	—	—
17	102350	102350	5	9	25150*) (11372)	116	5	3
20	194700	194700	7½	11½	28800*) (16930)	328	—	—
23	278850	263200	4	8	32900	965	—	—
25	224000	224000	5	9	33100*) (24889)	555	50	26
26	370575	285300	5	9	31700	1440	40	21
30	332600	332600	6	10	41700*) (33260)	1102	75	39
Arithmet. Mittel	218150 (W)					534		10

Demnach ist das arithm. Mittel für das Maximum der Zeitdauer, binnen welcher der nördliche Theil des Haffes ausgefüllt sein muss: 534 Jahre, zu denen durchschnittlich noch 10 Jahre für die Wanderung bis zum Haffufer hinzukommen, mithin in Summa 534 + 10 = 544, oder kaum 550 Jahre.

Auf gleiche Weise liesse sich für den mittleren und südlichen Theil des Haffes ungefähr berechnen, wie weit nach völliger Hineinwehung des Dünenkammes in's Haff das Haffbecken von der Seite der Nehrung eingeengt sein würde. Die Rechnung würde jedoch zuvörderst eine Fortsetzung der Taf. VI. nach Süden voraussetzen und möge ihre Möglichkeit hier nur angedeutet werden.

*) Die Düne füllt das Haff bei der angenommenermassen liegen bleibenden Sandmasse von 4 Fuss über dem Haffspiegel hier nicht völlig aus. Die in Klammer stehende Zahl giebt die Breite der Zuschüttung und somit in diesem Falle l der Formel.

Fassen wir die Resultate der beiden letzten Tabellen zusammen, so ergeben sich als Mittel der wahrscheinlichen ungefähren Zeitdauer bis zur Verwirklichung des als Nothwendigkeit sich darbietenden Zukunftsbildes wenig über 200 Jahre, als Maximum derselben noch nicht 550 Jahre.

Eine Aenderung des Zeitmasses, nicht für das in Tabelle D. berechnete Ereigniss, wohl aber für die daraus gefolgerte und in Tabelle E. besonders berücksichtigte Verlandung des nördlichen Haffes, könnte unter sonst gleichen Bedingungen nur dann stattfinden, wenn die Folgezeit einer merklichen Hebungs- oder Senkungsperiode unseres Landes angehörte. Die Entscheidung dieser Frage muss, wie ich im VI. Abschnitt zu besprechen Gelegenheit hatte, zur Zeit offen gelassen werden. Tritt der letztere Fall ein, so wird der Zeitpunkt der völligen Verlandung allerdings etwas weiter hinausgeschoben, aufgehoben wohl schwerlich, da dies eine Senkung voraussetzen würde, die uns in dem letzverflossenen halben Jahrhundert schon allein durch die Pegelbeobachtungen merklich genug hätte werden müssen. Im ersteren Falle, falls wir einer langsamen Hebung unseres Landes entgegengehen, würde die in Rede stehende Zeit sogar noch verkürzt.

Ehe ich diese Zeilen schliesse, möge es erlaubt sein, die allgemeine Aufmerksamkeit noch auf einen Punkt zu lenken, auf den so vieler Augen seit Jahren bereits gerichtet sind, dass ein solches Verlangen beinah überflüssig erscheinen könnte. Schon im VI. Abschnitte (S. 80) musste ich das allbekannte, man könnte fast sagen, zum alljährlichen Stadtgespräch des seebadenden Theiles der Königsberger Bevölkerung gewordene Vordringen der See am Cranzer Ufer mit in die Betrachtung hineinziehen und einiges Thatsächliche darüber anführen.

Wenn diese Thatsachen doch nun aber, wie eben der Fall, unangefochten dastehen, wenn sie sich alljährlich wiederholen und bereits seit mehr, denn einem halben Jahrhundert beobachtet sind und vorher vielleicht nur unbeachtet blieben, ist man sodann nicht befugt, auch nach den Folgen derselben für die Zukunft zu fragen?

Es ist jedenfalls eine zum Nachdenken auffordernde Thatsache, dass einerseits der jetzige Ausfluss des Haffes bei Memel seit mehr denn einem halben Jahrhundert mehr und mehr zu versanden beginnt, auch für die Zukunft ihm günstigere Aussichten nach dem vorhin ausführlich Besprochenen nicht gemacht werden können und andrerseits am entgegengesetzten Ende des Haffes die See seit ebenso langer Zeit mehrfache Ansätze gemacht hat, eine früher hier bestandene Verbindung wieder herzustellen (s. S. 67). Zwar ist es damals durch richtige Massregeln gelungen, einen plötzlichen Durchbruch zu verhindern, muss aber nicht dem seit jener Zeit bemerkbaren beständigen Nagen der See an dicht daneben gelegenen Stellen derselbe Erfolg nur für spätere Zeit in Aussicht gestellt werden?

Ein Durchbruch ist nämlich die nothwendige einstige Folge des stetigen Abbruchs der Küste bei Cranz und an Stellen der Sarkauer Forst. Zum Beweise glaube ich nichts weiter anführen zu dürfen, als dass dem thatsächlichen Vorrücken der See bei Cranz von 6 bis 7 Fuss, oder $^1/_2$ Ruthe im Jahre nur gegenüber steht ein Maximum der Breite von circa 300 Ruthen. In dieser Entfernung (westlich und östlich Cranz sogar in kaum 100 Ruthen Entfernung) würde die See, wenn sie erst soweit gelangt, überall die alljährlich vom Haff, oder was dasselbe sagen will, von der Bek überstauten Alluvialbildungen erreicht haben. Die Bildung eines neuen Haffausflusses, eines Tief, würde dann nicht mehr zu hindern sein, wenn man bedenkt, dass der mittlere Haffspiegel hier nach den bisherigen Nivellements*) stark 2 Fuss höher, als der der See liegt, dass aber zudem bei starkem Landwinde noch stets eine merkliche Erhöhung desselben und gleichzeitiges Zurücktreten der See stattfindet

Ob ein solcher neuer Abfluss des Haffes**) im Allgemeinen ein Vortheil oder Nachtheil, die Frage ist jedenfalls schwer zu entscheiden. In dieser Unentschiedenheit allein läge etwa ein Grund, die weitere Entwickelung der Natur zu überlassen. Will man einen derartigen Durchbruch jedoch verhindern, so thut es Noth, bei Zeiten durch Messungen die Stellen der Küste festzustellen, wo ein Vordringen der See hier wirklich stattfindet, damit auch bei Zeiten am rechten Ort und in der rechten Weise der Kampf mit der Natur begonnen werden kann, ein Kampf, bei dem man sich nie schnellen Erfolg versprechen kann.

Gegenwärtig hat sich der Küstenabbruch nur in Cranz selbst, wo er ein dicht bebautes Terrain betroffen, bisher so unangenehm fühlbar gemacht, dass man in neuster Zeit und zwar auch nur auf wenige Ruthen durch doppelte Reihen Bohlwerk und Steinpackung mit bedeutenden Kosten einen Küstenschutz versucht hat. Aber auch 1823 verzeichnete die auf der Regierung befindliche Karte an derselben Uferstelle, nur ein Paar hundert Fuss jetzt in See hinein gelegen, ein Bohlwerk, das der derzeitige Hôtelbesitzer, von der Noth getrieben, angelegt. Der damalige, wie der jetzige Versuch sind eben nur letzten vergeblichen Kraftanstrengungen eines Ertrinkenden zu vergleichen. Nicht eher hat man sich zur kräftigen Gegenwehr entschlossen als bis, damals wie jetzt, die Gefahr für einen bestimmten Punkt auf's Aeusserste gestiegen. Wenn aber die direkte Gegenwehr gegen so mächtige Naturkräfte an sich sehr zweifelhafte Aussichten bietet, so kann sie gradezu als eine vergebliche bezeichnet werden für Stellen, wo es sich darum handelt, dem Elemente ein augenblickliches Halt zu gebieten. So lange überhaupt nur vereinzelte Privatrücksichten massgebend sind, die Gefahr nicht in ihrer ganzen Ausdehnung scharf in's Auge gefasst wird, kann man im günstigsten Falle doch überhaupt auch nur den Schutz vereinzelter Punkte und eben dieser Vereinzelung halber wieder auch nur auf einige Zeit erreichen.

Sollte nicht vielleicht auf ähnliche Weise, wie solches an der Meklenburgischen Küste, am sog. Heiligen Damm bei Doberan in neuster Zeit, wie es scheint mit entschiedenem Erfolg, versucht worden ist, auch hier möglich sein, statt der bisherigen Gegenwehr, gewissermassen angreifend gegen die See vorzugehen? Gegen Naturkräfte streiten am erfolgreichsten nur wieder Naturkräfte. Gelingt es, die längs des Ufers bekannte westöstliche Küstenströmung durch rechtwinklich zur Küste in die See hineingeführte einfache Pfahlreihen zum Absatz der nothwendig mitgeführten Sinkstoffe und so zur Bildung eines flachen Vorlandes zu zwingen, so wäre damit die Gewalt der gegenwärtig zur Winterszeit den Fuss des Steilufers benagenden Wellen wesentlich gebrochen.

Ich würde es nicht wagen, dem Urtheile von Fachmännern hier scheinbar vorzugreifen, wenn ich dabei nur eigne unerprobte Ideen vorbrächte. Die Versuche sind aber eben am heiligen Damme bereits gemacht, die Verhältnisse scheinen der Hauptsache nach hier wie dort dieselben und die Nutzanwendung dürfte daher auf der Hand liegen. Fussend auf

*) Siehe die auf Grund von Nivellements entworfenen Profile auf den alten, auf der Königl. Regierung befindlichen Karten.

**) Man bedenke nur den nambaften Vortheil, den eine solche Erniedrigung des Wasserspiegels für die Trockenlegung der ganzen Niederung (des Memel-Deltas) und ihren Zuwachs haben würde. Ein trauriger Unstern für Memel ist es jedenfalls, dass der Eintritt dieses Ereignisses die völlige Versandung des Memeler Hafens, mit der die Wanderung der Dünen bereits droht, unbedingt und plötzlich zur Folge haben würde.

diese Erfahrungen, wäre ein Versuch wohl dringend zu rathen, und zwar um so mehr, als ein solcher wahrscheinlich bei Weitem nicht die Kosten der bis jetzt angewandten Befestigungsart verursachen würde und so Aussicht vorhanden wäre, allmälig die ganze bedrohte Küstenstrecke befestigen zu können.

Möchte es diesen Zeilen vergönnt sein, durch die versuchte Darlegung der Nothwendigkeit gewisser zukünftiger Zustände auch gleichzeitig, wo letztere Gefahr bringend, zur ernstlichen Bekämpfung und zur Wahl der rechten Abwehrmittel einige Anregung gegeben zu haben. Wir durften, ich wiederhole es, solche Blicke in die Zukunft, wie sie in dem letzten Abschnitte versucht wurden, thun, fussend auf Thatsachen und ihnen zu Grunde liegende Naturgesetze. Darum sind wir eben berechtigt, denselben auch Vertrauen zu schenken. Aber ich wiederhole auch ferner zum Schluss noch einmal, dass manchem Leser die zuletzt abgehandelten Fragen und Berechnungen vielleicht als voreilig oder müssig erscheinen mögen, dass jedoch, nachdem man von der so wohlfeilen Annahme plötzlicher Katastrophen für Erklärung geognostischer Erscheinungen vergangener Perioden im Wesentlichen zurückgekommen, grade die Beobachtung gegenwärtig sich entwickelnder Vorgänge die meiste Aussicht zum richtigen Verständniss auch jener weit zurückliegenden Zeiten bietet. Für eine gründliche, tiefer als der augenblickliche Schein eindringende Beobachtung der Gegenwart scheint es mir aber von besonderem Vortheile, wenn man sich und andern die Folgen seiner Schlüsse in jedem bestimmten Falle auch für die Zukunft völlig klar zu machen sucht, um so durch stete Vergleichung der Rechnung und der Wirklichkeit sich oder späteren Geschlechtern die richtige Erkenntniss des geologischen Entwicklungsganges der Natur zu erleichtern. Dürfen wir uns durch Vorausbestimmung terrestrischer Zustände nicht mit Recht ebensoviel und — weil näher und greifbar — noch mehr Erfolg für die Geologie versprechen, als sich durch Vorausbestimmung tellurischer Vorgänge für die Astronomie bereits erwiesen? —

Zeitfracht Medien GmbH
Ferdinand-Jühlke-Straße 7
99095 Erfurt, Deutschland
produktsicherheit@kolibri360.de